做最好的自己

张艳玲◎编著

民主与建设出版社

图书在版编目（CIP）数据

做最好的自己 / 张艳玲编著 . — 北京：民主与建设出版社，2017.8

ISBN 978-7-5139-1636-3

Ⅰ . ①做… Ⅱ . ①张… Ⅲ . ①成功心理 – 通俗读物 Ⅳ . ① B848.4-49

中国版本图书馆 CIP 数据核字（2017）第 154072 号

做最好的自己

ZUO ZUIHAODE ZIJI

出 版 人：许久文
编　　著：张艳玲
责任编辑：王　颂
出版发行：民主与建设出版社有限责任公司
电　　话：（010）59419778　59417747
社　　址：北京市海淀区西三环中路 10 号望海楼 E 座 7 层
邮　　编：100142
印　　刷：三河市天润建兴印务有限公司
版　　次：2017 年 10 月第 1 版
印　　次：2018 年 4 月第 2 次印刷
开　　本：710mm × 1000mm　1/16
印　　张：15
字　　数：130 千字
书　　号：ISBN 978-7-5139-1636-3
定　　价：36.80 元

前 言

PREFACE

在这个世界上每个人都有自己不同的活法，有的人很优秀，当然也有的人没有那么优秀。你想做茂盛的大树，但是你只是一棵单薄的小草；你想做高贵的牡丹，却只是路边的一株不起眼的小野菊；你想做一望无际的大海，但你只是一条小溪；你想做最耀眼的太阳，可是你只是一颗闪烁的星辰。这个时候，不要灰心，不要气馁，因为你虽然没有做到最好，但是你也已经发挥出了自己的优点。你是一颗小草，却为绿地做出一份贡献；你是一株不起眼的小野菊，但是你也为路边增添了一份绚丽的色彩；你是一条小溪，但是却为孩子们带来了欢乐；你是一颗一闪一闪的星星，但你用自己的身体点缀了漆黑的的夜幕，虽然只是一颗。

“金无足赤，人无完人。”每个人都不可能十全十美，你在这方面做得不是那么出色，也许在别的方面却做得很优秀。你要相信自己，别人能做到的，自己经过努力也能做到。不能做大树，就做小草；不能做牡丹，就做路边的小野菊；不能做大海，就做小溪；不能做太阳，就做星辰。总之一句话：“做最好的自己。”

前 言

PREFACE

做最好的自己，就要相信自己。一个连自己都不相信的人，总是以他人为尺度，唯唯诺诺，自卑自贱，别人当然不会看重这样的人，那又何谈快乐，又怎能体验到生活的快乐和人生的价值？

“天生我材必有用”。只有确立自己的理想，并为理想付诸实践，才能赢得出色的人生，才能创造辉煌的奇迹，才能与快乐相伴。做最好的自己，就是要看重自己，自信、自律、自强、自尊，坚信自己作为宇宙之子降临大地，那么大地自然会给你、我一席之地。

做最好的自己，决不是要你固执，要你狂妄自大，我行我素，而是说你要寻找到快乐，就要学会寻回自我。当你受到挫折，遭到冷遇，面临坎坷失去快乐的时候，不能卑躬屈膝、垂头丧气、双目无神、丧失自我，而应该坦坦荡荡，用挺拔的身躯，用嘴角、眉梢上平静的微笑来证明：我不会退缩！不会逃避！不会沉沦！不会萎靡！

做最好的自己，梦想不再遥远，快乐不再遥远，辉煌不再遥远！

目　录

CONTENTS

第一章
成功源于自信

第二章
释放精神的火焰

第三章

放飞自我

第四章

成功的选择在自己

第五章

发挥自己的无限潜能

第六章

换个想法更好

第七章

把自己放在一个组织中

第八章

海纳百川的胸怀

第九章
在反思中走向成功

第十章
卸下心灵的枷锁

第十章

迈向成功的阶梯

第一章
成功源于自信

上帝说："在你们心中我是上帝，可在我心中，上帝就是我自己。每个人都有自己的烦心事，我在向自己祈祷。"如果你怕拒绝而不敢大声说出你的爱，就永远不会得到爱；如果你怕犯错而不敢去尝试你不熟悉或充满风险的工作，你就永远也得不到你想要的一切。你应该明白，失败不是结束，正是再次出击、走向成功的开始。

01 自信是成功之门的钥匙

一个人的潜能就像水蒸气一样，其形其势无拘无束，谁都无法用有固定形状的瓶子来装它。而要把这种潜能充分地发挥出来，就必须要有坚定的自信心。

眼光敏锐的人可以从身边路过的人中指出哪些是成功者。因为成功者走路的姿势、他们的一举一动都会流露出十分自信的样子。从一个人气度上，就能够看出他是否是一个自立自助、有自信和决心完成任意工作的人。一个人的自立自助、自信和决心就是他万无一失的成功资本。同样，眼光敏锐的人也能随时随地看出谁是失败者。从走路的姿势和气质上，能够看出他缺乏自信力和决断力；从他的衣着和气势上能够看出他不学无术；并且他的一举一动也显露出他怯懦怕事、拖拖拉拉的性格。

一个成功者处理任何事绝不会支支吾吾、糊里糊涂。他魄力十足，不必依赖他人而能独立自主。而那些陷于失败的人既缺乏心理上的自信，又缺乏实际的做事能力，看上去总是一副穷途末路的样子，从他的谈吐举止和实际工作上看，好像他处处无能为力，只能听任命运的摆布。

在一个人的事业上，自信心能够创造奇迹。自信使一个人的才干取之不尽、用之不竭。一个没有自信的人，无论本领多大，总不能抓住任何一个良机。每遇重要关头，总是无法把他所有的才能都发挥出来，因此，那些本来可以成功的事在他手里也往往弄得惨不忍睹。

一项事业的成功虽然需要才干，但是自信心亦不可少。假如你没有这种自信心，是由于你不相信自己能具有自信心的缘故。要获得成功，你无论如何都要从心灵上、言行上、态度上拿出“自信心”三个字来。这样，在无形中人家就会开始信任你，而你自己也会逐渐觉得自己是一个值得依赖的人。

作为一个商行的主人，当面临生意冷清、存货积压严重、店员不负责任、所有欠款又纷纷来催这种情形的时候，最能展示出一个商人的才能。通过这时候他在人们面前的一举一动，大家能够清清楚楚地看出他的能力。如果他遇到一点微不足道的小事，就暴跳如雷；心中稍感不快，就对人大发脾气，说明他还没有学会一种最重要的本领——随时克制自己的怒气。

一个商人在生意兴旺、经营顺利的时候，往往喜气洋洋、春风得意。但在经营业绩下降、市场萧条、入不敷出、面临一切艰难困苦时，假如你还具有十足的勇气，不抱怨、不烦恼，依然待人和善、仁慈，这才是最难做到的。当你在工作和事业上面临困境，多年辛苦积累的资产丧失殆尽时，你还是应当在家人和孩子的面前保持平稳的心情，不消极、不气馁。沉着镇静、永不气馁，这是每一个人所应培养的品格。任何商人都应当永远以亲切的笑容和蔼待人，都应当有一种满怀希望的气魄，都应当具有战无不胜、突破逆境的自信力和决心。一个人具有不急躁、不怨天尤人、不轻易发怒和遇事不优柔寡断的良好品质，经常要比焦虑万分的心态更容易应付种种困难，解决种种矛盾。

没有哪一个经常说“快要失败”、整天抱怨“处境艰难”的人会获得成功。不要总是往消极的方面想，不要总是埋怨市场萧条或是行情不利，一般商人最容易沾染这种怨天尤人、自暴自弃的恶习。也许，在他们看来，世上就没有所谓“乐观”两个字，一切都笼罩在失望、挫败、无法成功的气氛中。这种观念统治了他们的头脑，在无形中把他们拖进失败的深渊中，使其总是不能自拔、永远不会看到成功的一天。

事业最初如一棵嫩芽，想要它成长、茁壮，必须要有阳光去照射它。遇到挫折应立即鼓起勇气、振作精神，努力去排除所有妨碍成功的可恶因素，学习怎样去改变环境，怎样去扫除外界的阻遏势力。任何事情，你都应朝着成功的方面想，而不可以整天唉声叹气地去忧虑失败后处境将是怎样的悲惨。

一个做事光明磊落、生气勃勃、令人愉悦的人，随处都会受到人们的欢迎；而一个总是怨天尤人、悲观消极的人，谁都不愿意与他相交。能在这个世界上不断发展自己事业的是那些对未来满怀希望、愉快活泼的青年。就我们本身而言，也希望避开那些整天满面愁容、无精打采的人。

一个有必胜决心的人，他的言谈举止中无不显出十分坚决、非常自信的气质。他意志坚决，能够胸有成竹地去战胜一切。人们最信任、最景仰的也就是这种人；而最厌恶、最瞧不起的则是那种犹豫不决、永无主见的人。

一切胜利只属于各方面都有把握的人。那些即便有机会也不敢把握、不能自信成功的人，必然落得一个失败的结局。只有那些有十足的信心、能坚持自己的意见、有奋斗勇气的人，才能保持在事业上的雄心，才能自信必然成功。

在生存竞争中最终赢得胜利的人，一举一动中一定充满了自信，他的非凡气度必定会使人自然对他产生特殊的尊敬，人人都可以看出他生机勃勃、精力充沛的样子。而那些被击败在地、陷入困境的人，却总是一副死气沉沉的样子。他们看起来缺乏决断力和自信，不论是行动举止、谈吐态度，他们都容易给人一种懦弱无能的印象。

喷泉的高度无法越过它源头的高度，同样，一个人的事业成就也绝不会越过他自信所能达到的高度。

假如你建立了一定的事业发展基础，并且你自信自己的力量完全能够愉快地胜任，那么就应该立即下定决心，不要再犹豫动摇。即便你遭遇困难与阻力，也不要考虑后退。

在事业成功的过程中，荆棘有时比那玫瑰花的刺还要多。它们会成为你事业发展的拦路虎，正是这种拦路虎在检验你的意志究竟是否坚定、力量是否雄厚，但只要你不气馁、不灰心，任何拦路虎都会有方法清除的。只要认定已经确定的目标，相信自己的能力和事业上成功的可能，你就会先在精神上达到成功的境界。随后，你在实际的事业过程中的成功也一定是毫无疑问的。

许多失败者都是由于他们没有坚定的自信心，因为他们所接触的都是心神不定、犹豫怯懦之辈，他们自己三心二意，对事情缺乏果断的决策能力。其实，他们体内原本也包含了成功的因素，却被自己硬是驱逐出了自己的身体。

不论你陷于何种穷困的境地，都要保持你那可贵的自信！你那高昂的头无论如何不能被穷困压下去；你那坚决的心无论如何不能在恶劣的环境下屈服。你要成为环境的主人，而不是环境的奴隶。你无时无刻不在改善你的境遇；无时无刻不在向着目标迈步前进。你应当坚定地说：你自己的力量足以实现那件事业，绝对没有人可以抢夺你的内在力量。你要从个性上做起，改掉那些犹豫、懦弱和多变的个性，养成坚强有力的个性，把曾被你赶走的自信心和一切因此丧失的力量重新挽救回来。

很多伟人、领袖一路向前，仿佛胜利总是追随着他们，这些人足迹所至，无往而不利；他们好像是一切事物的主人，一切行动的发号施令者。他们能傲视群雄、征服一切，这一切其实应归功于他们的自信。他们相信自己有克服一切艰难困苦的力量，相信自己享有一切胜利的专利。在他们眼里，为生存而竞争、去获取成功，好像都十分的容易。他们能做到改变并控制自己的环境，他们也知道：自己是无所不能的人物之一，他们做的所有工作都举重若轻，就像巨型的起重机吊起一件物品一样轻而易举。

他们总是乐观，从不犹豫，从不恐惧未来；他们只知道任何事情到了自己手里，不仅要做成功，还要做得尽善尽美。因此，世界上的伟大事业仿佛是由他们来做的。他们做起事来，从不瞻前顾后、迟疑不决。当事业路途上遇到困难障碍时，他们也决不后退，总能自信地靠着他们的卓越才能奋力越过。

坚定的自信，是成功的源泉。无论才干大小，天资高低，成功都取决于坚定的自信力。坚信能做成的事，必定能够成功。反之，不相信能做成的事，那就一定不会成功。

有一次，一个士兵骑马给拿破仑送信，因为马跑得速度太快，在到达目的地之前猛跌了一跤，那马就此一命呜呼。拿破仑接到了信后，立即写封回信，交给那个士兵，吩咐他骑自己的马，从速把回信送去。

那个士兵看到那匹强壮的骏马，身上装饰得非常华丽，便对拿破仑说："不，将军，我这一个平庸的士兵，实在不配骑这匹华美强壮的骏马。"

拿破仑回答道："世上没有一样东西，是法兰西士兵所不配享受的。"

世界上随处都有像这个法国士兵一样的人，他们认为自己的地位太低微，别人所有的种种幸福，是不属于他们的，认为自己是不配享有的，认为他们是不能与那些伟大人物相提并论的。这种自卑自贱的观念，经常成为不求上进、自甘堕落的主要原因。

很多人这样想：世界上最好的东西，不是他们这一辈子所应享有的。他们认为，生活上的一切快乐，都是留给一些命运的宠儿来享受的。有了这种卑贱的心理后，必然就不会有出人头地的观念。许多青年男女，本来能够做大事、立大业，但实际上却做着小事，过着平庸的生活，原因就在于他们自暴自弃，没有远大的理想，不具有坚定的自信。

与金钱、势力、出身、亲友相比，自信是更有力量的东西，是人们从事任何事业最可靠的资本。自信能排除种种障碍、克服种种困难，能使事业取得圆满的成功。

有的人最初对自己有一个恰当的估计，自信可以处处胜利，但是一经挫折，他们却半途而废，这是自信心不坚定的缘故。因此，光有自信心还不够，更须使自信心变得坚定，那么即使遇到挫折，也能不屈不挠，勇往直前。

假如我们去分析研究那些成就伟大事业的卓越人物的人格特质，就能够看出一个特点：这些卓越人物在开始做事之前，总是具有充分信任自己能力的坚强自信心，深信所从事之事业必能成功。这样，在做事时他们就能付出全部的精力，破除一切艰难险阻，直到胜利。

玛丽·科莱利说："假如我是块泥土，那么我这块泥土，也要预备给勇敢的人来践踏。"假如在表情和言行上显露着卑微，任何事情都不信任自己、不尊重自己，那么这种人当然也得不到别人的尊重。

造物主给予我们巨大的力量，鼓励我们去从事伟大的事业。而这种力量潜伏在我们的脑海里，使每个人都具有宏韬伟略，可以精神不灭、万古流芳。假如不尽到对自己人生的职责，在最有力量、最可能成功的时候不把自己的本领尽量施展出来，那么对于世界也是一种损失。

02 上帝与你一样，只能自己救自己

一个做着擦皮鞋工作的青年非常不满自己的职业。擦皮鞋是个又脏又累的活儿，他想改变现状，找一份不脏不累的工作，努力了一阵，却一直没有找到一个合适的工作。有人说，你还是找上帝帮忙吧。他觉得这个主意不错，于是就去找上帝。

那个年轻人终于见到了上帝。上帝正在安神祈祷。他很纳闷：上帝在人们心中是万能的，难道他也有心烦的事要祈祷吗？他说明来意，请求上帝帮助。上帝一边继续虔诚地祈祷，一边对青年人说："在你们心中我是上帝，可在我心中上帝就是我自己。每个人都有自己的烦心事，我在向自己祈祷。"青年人便祈求上帝一定要帮忙，赐给他一份不脏不累的活儿。上帝说："青年人，我帮不了你什么，自己的问题只能自己解决，你还是回去吧。"青年人不肯离去，上帝无奈，只好说："好吧，但我只能给你一个建议，你去做个乞丐，如果你感到不合适，再来找我。"

就这样，青年人做了乞丐。他没有想到，乞丐这个职业虽然不累，但却受人歧视。他很苦恼，又找到了上帝，希望再换一个不受歧视的工作。上帝建议他还去擦皮鞋。

于是青年人又重操旧业，虽然每天还是和那些臭皮鞋打交道，却比当乞丐更有尊严，更加自尊。他非常感谢上帝，又一次去找上帝。这次，他没有见到上帝，只见到了上帝给他的留言，说："年轻人，我并没有帮你什么，你从事的还是原来的职业，之所以你现在感到快乐，是因为你的心态变了。其实，你就是自己的上帝，你要感谢的也只有你自己。每个人的一生都会遇到挫折和困难，努力去克服，就能越过这些障碍。"

确实，像那个青年人那样频繁地更换工作并不是解决问题的好办法，只有调整自己的心态才是获得长足发展的良好策略。

很多人满怀激情地工作了一段时间后，都会有这样的感觉：本来做得好好的，不知为何，突然就陷入一种莫名的厌倦状态，做什么都没兴趣，整日感觉身心耗尽，又累又烦，无缘无故地去抱怨领导、同事、家庭，甚至看破红尘，变得冷漠麻木。这实际上是一种职业倦怠感，是得与失不平衡的心理反应。它源于自身，而非外部环境，主要是由于过分投入于工作或人际关系，没有得到及时的调整、补充、平衡而造成的。

事实上，在职业生涯中，差不多每个人都会遇到类似的情况，只是不同的人出现的原因不同、时间不同。比如不受领导赏识、升职未果的失落感，与同事产生矛盾的怨恨，长时间从事单调工作而失去激情等等。

杰克负责一个很大的投资项目，忙碌了近两年时间，累出了一身病，结果不但没有获得任何奖励，甚至连一句表扬的话都没有得到，还被安排了更艰难的工作。很多没有付出这么多辛苦的人却可以选择更好的部门和岗位任职，他感到很不平衡，过去以为领导很重视自己，现在看来只是在利用而已。他虽然不满于这种状况，却仍然坚持认真工作，而没有选择抱怨或离开。

与杰克不同，遇到这种情况后，在自己一时无力改变的情况下，大多数人也许会选择跳槽，重选一个新的职业。重新选择并不是一件容易的事，从头做起，就一定能够使这种现象不再出现吗？

逃避问题并不能解决任何问题。心情或状态不好的时候，采取回避或放任的态度，反而会增加内心的压力。你需要真实而深入地审视自己，问问自己最喜爱的工作到底是什么？最迫切期望达到的目标究竟是什么？令自己筋疲力尽的原因什么？怎样做才能让你心情舒畅？同时评估自己的需求与现实的差距有多大。直面问题和现实，你就会发现，真实的你和工作中的你到底有多大差别，从而意识到你的失落感的根源，从而找回失落的激情。

我们的烦恼多半来自于对现实不合理的要求。地球不是围着你一个人转的，站在公司或他人的立场看，你的很多想法也许不够合理，如果你想得到更多薪水或被提升得再快一点，这只是你自己的一厢情愿。如果你仔细观察周围的人，就会发现，许多人都遭遇同样的境遇，但却不是都像你一样愤愤不平。能不能获得更多，有时候不光看业绩。领导在决策的时候考虑的因素有很多，是你在你目前的高度上无法知道的。

在平等协商的气氛下，可以和上司、同事直接讨论自己在公司的职位、工作表现及待遇问题，说出自己内心的困惑和失落，也可以适时地表达你的需要。不要担心别人会看不起你，沟通一方面可以改变上司和同事对你的看法，使之更客观地了解你，另一方面也能促使上司改善对你的态度和待遇。

合理的目标能够激发活力，在工作中有信心有动力，也使我们在实现目标的过程中产生成就感。既然找到自己的困惑所在，就要采取行动。根据自己的实际情况去确定合理的目标，这样实现起来容易，也能使你做起来一直有激情。但一定要让目标清晰可见，模糊的目标与不合理的目标其作用是一样的。

工作与娱乐、压力与松弛、活动与休息、付出与承受，都需要保持在一个平衡点上，找到这个点，人才能健康与快乐。根据自己的实际情况去寻找自己在生活、工作上的平衡点，并守住它，你就不会再因失衡而陷入痛苦之中。

03 只要有一点自信就能创造奇迹

“女怕嫁错郎，男怕入错行。”入错行的人好比踏上一条职场弯路，不回头，前面的路越来越渺茫；想回头，需要放弃太多的东西，什么都需要从头再来。

所谓的职场弯路，其实是指职场人士没有找到真正适合自己个性和能力的工作，这跟工作者的理想、兴趣和经济状况有关，也与他当初的选择不慎有关，更多的时候是因为环境地位的变化而产生。

古时候有“三从四德”的观念，即女子嫁了人以后很难改嫁，即使死了丈夫，也要从一而终，守一辈子活寡。而男人一旦入错了行，想抽身换行所付出的代价甚至会是更多。一个人的生命是最宝贵的，如果回头重新选择职业，那等于白白浪费了之前的青春，再换行可能就没有更多精力去奋斗和拼搏了。即使换了，也未必会比原来的好。不管是不是在职场上走了弯路，工作中，每个人都会或多或少地积累，比如职位的升迁，福利待遇的提高，在行业内的人际关系以及经验、技能等等。如果离开了这个行业，那么一切都必须从头开始，前面的一切全部废掉，不能说前功尽弃，起码也是一笔巨大的浪费，这是很残酷的现实。谁也没有办法保证自己换了工作能比现在过得更好，弄不好最后还会鸡飞蛋打。

入错了行，到底该不该回头？

面对这个问题，更多的人在犹豫、痛苦，左右为难，为难中，职场弯路愈发走得不能自拔。想想一眼看不到头的职场弯路，想想折回正途所付出的惊人代价和迷茫前景，实在是让人难以抉择。

一般情况下，误入职场弯路有以下几种表现：

1. 对这份工作没兴趣。在很投入地工作了很长一段时间之后，突然失去了对工作的激情，调整之后仍然无法从工作中获得乐趣，即使你的工作完成得不错。

2. 专业特长难有发挥。你从事的工作很难将你学到的专业知识或特长发挥出来，总感觉有力没处使。很多人认为这是无关紧要的，也有很多人习惯了专业不对口。可过了一段时间之后，还是会有误入歧途的感觉。

3. 个性与工作要求难以兼容。比如你的岗位要求你细致入微，但你天生就粗心大意，这会使你在工作中常常因为一些很细小的问题而影响全局，因小失大。再比如你个性很强，可你的工作要求你耐心平和、八面玲珑，那么你工作起来就常常会矛盾重重。

4. 想法总是和老板冲突。很多人都想要通过自己的努力说服老板，以此证明自己。而一旦说服不了，就认为自己是误入歧途。其实问题出在你身上，你忘记了自己的角色。作为下属，你无法融入老板所主导的文化中去。

5. 被同事孤立。由于处事不讲究策略、不注重沟通，一个人很容易被排挤出团队。现在的工作都非常讲究合作，良好的人际关系是在工作上有所作为的前提。

6. 付出与收获不平衡。一个人如果总是成绩多，回报少，那他一定会感觉这不是自己想要的岗位。

回头还是不回头？这是走在职场路上的人必须回答的问题。

无论你最后选择什么，每一个职场人都应该而且必须为自己的选择负责，把希望寄托在别人的身上是不可靠的。如果你选择重新开始，就不要再留恋你的过去，不管过去有多风光；如果你选择了不回头，就应该学会忘掉所谓的正途，努力做好眼前的每一件事情。总之，要向前看，不要向后看。

事实上，没有人能够真正分辨自己是走在了正途上还是弯路上。今天你或许认为工作得轻松愉快，这个工作很适合你，但随着时间的推移，你或许又会发现今天的自己也仅仅是在职场弯路上而已，你更适合的是另一条路。或者说，根本就没有所谓的职场正途、弯路之分，一切取决于你的态度：积极看，都是正途；消极看，都是弯路。

选择是痛苦的，但不做出选择更加痛苦。有些人总是在弯路上转悠走不出去，等到转出去了，人也老了。但不管你选择退出还是继续，只要有一点点自信，就能创造奇迹。

04 戴着脚镣也要舞出个性

很多职场人都有同感，做下属难，做一个独立的下属更难。既要让上司满意，又要人格独立，忍辱负重，左右为难，其中的酸甜苦辣真是无法形容。就像是戴着脚镣跳舞，你很想跳出自己的个性，可脚上的链子却总给你带来羁绊，舞起来不舒展、不自在。你很想摆脱这个链子，可是却怎么也摆脱不掉。

职场不是私家，上司不是你的亲人，你也不是不懂事的孩子。每个人都有个性，但公司可以提供你展示才华的舞台，却不能给你任性的机会。在公司里，每个人都必须戴着链子跳舞，想跳出自己的风格，需要技巧。

一般而言，给别人做下属是一个人进入职业生涯的第一步，第一步没走好，以后的道路可能就会更艰难。因此，要想将来出类拔萃，就必须在平时注意把握平衡，做到工作勤奋，办事圆通，关系和顺。

1. 准确领会，扎实执行。当上司要委派工作给你，你应马上开始记录。不要打断上司的话，应该边听边总结要点，充分理解指示的内容，明确完成工作的期限、人员、重点和顺序并及时、切实地执行，切勿拖拖拉拉，要养成干练的工作作风。如果上司做出的决策与你的想法不一致，那也没必要大惊小怪。条条大路通罗马，解决问题不止一种方法，上司选择了这种，自有他的道理。你所要做的就是执行，坚决执行。即使有意见，也要在私下里找上司交流，提出你的看法。无条件执行并不是说不能有自己的看法，但即使再有想法，上司再有错，你也不要做出彻底否定上司决策的事来。

2. 原则坚持，小事包容。由于每个人的性格、经历、工作方法以及认识事物的观念不同，对问题的看法难免会产生一些分歧。但要做到大事讲原则，小事讲风格。是自己的问题，要敢于面对，不能固执己见，更不能把责任推给上司或别的同事。即使是别人的问题，也不要咄咄逼人，得理不饶人，心胸开阔一点给别人个台阶下，以免伤害友谊、感情和工作。但如果上司要你做一些违背公司制度或有损顾客利益的事情，坚决不做。

3. 虚心接受，立即改正。上司批评应该虚心接受，切忌把批评当作耳旁风，我行我素，这样比当面顶撞上司更糟。因为这种态度表明你眼里根本就没有上司。即使错误的批评也有其可接受的地方，上司有这个权力和资格。聪明的下属应该学会“利用”批评。批评，要本着有则改之、无则加勉的原则。如果你不服气，发牢骚，那只会让你和上司的关系恶化，以后你再想缓和或要上司帮你就不可能了。当面顶撞是最不明智的做法，只会让上司记恨你。

4. 选准时机，慎重建议。向上司表达不同看法或提建议时一定要选择时机，切忌在他心情不好的时候或用不恰当的方法提出。大多数上司都很忙碌，开会、计划一天或一周的工作、考虑人际关系等，不像一般员工做完工作就没事了。忙乱的时候可能心情就会很烦躁。如果这时你提建议，他一肚子怨气正没地方发泄，那你就正好撞在枪口上了。所以，时机很重要。如果建议对公司有益，最好在开会时提出。你想提出与上司不同的意见，可以在私下里、他心情好的时候单独进行。

5. 大力支持，任劳任怨。支持上司是必要的，也是员工的职责。上司不是神，对问题的见解有时也未必全面或正确，在做决策时，肯定需要下属积极建议。这是你表现的机会，一定要抓住。即使不一定被采用，也能给上司提供一个新的思路。其次，任劳任怨，做同事所不愿或无力做的事。有些事情上司和同事都感到棘手，无能为力，而你恰恰有这方面的专长，能把问题解决，大家一定会对你刮目相看。单位里肯定有许多不起眼的小事被大家所忽略，如果你能想到做到，这些小事也能让你给别人留下好印象。时间长了，你任劳任怨、工作扎实的作风，自然会提升自己在公司的形象，你必然会获得重用的机会。

05 失败正是再次出击的开始

世界上不存在绝对的成功者，也没有绝对的失败者，成功者也曾失败过，失败者也曾获得过成绩。如果一个人把成功者想象得非常伟大和神圣，那是因为他自己还没有达到那种水平，还未获得真正的成功；如果一个人把自己定义为失败者，那是因为他没有正确的态度，无法从失败的阴影中走出来。

适者生存、优胜劣汰的规则在每个人身上、每个行业中都淋漓尽致地体现着。失败是现实，也是痛苦的。当失败真正来临时，有的人表现出超凡的冷静与自信，有的人却表现出极度的忧虑与恐惧。后者把失败看成了固有的发展态势，因而会阻碍他日后前进的脚步。

据说美国著名电台广播员莎莉·拉菲尔在她 30 年的职业生涯中，曾经被辞退 18 次，可是她每次都放眼最高处，确立更远大的目标。失败在她面前不是无法逾越的壕沟，而是通往成功的一个个阶梯。她分析失败的原因，总结教训，努力朝着自己的目标迈进。最终，莎莉·拉菲尔成为美国一家自办电视节目的主持人，并曾两度获得重要的主持人奖项。

失败预示着挫折、逆境，却也是重塑自我的一种洗礼，它会使强者愈强，勇者无惧。比尔·盖茨说：“我们都坚信自己的信念，并且对这一行业拥有激情。”在任何成功的背后，总需要一个伟大的信念来支持，而它的动力，就是热情的火焰。或许你不知道自己会发展到哪一步，最终能成就什么，但是不要怀疑自己，努力去做，成功就会向你款款走来。

狼是自然界中效率最高的狩猎者，但动物研究者却发现，它们只有约10%的成功率，也就是说狼的10次狩猎中只有一次是成功的。因此，每一次狩猎成功对狼的生存都极为重要。10%的成功率又怎么能是效率最高呢？原来每次狩猎失败后，它不像其他动物那样垂头丧气、放弃努力或者自认失败，变成消沉的懦夫。当别的动物因失败而气馁的时候，狼所做的就是再次投身于下一次的搜索，继续运用经历了时间考验的技能和从暂时的挫折中学到的知识去狩猎。它从不停止捕捉，长年奔波于山谷丛林寻找猎物，留心察看所有的蛛丝马迹。

许多职业人士将一次不成功的狩猎视为自己工作失败的象征。从狼身上你应该明白，失败不是结束，而是再次狩猎、走向成功的开始。

对于态度积极者而言，失败不是打击，更不是灾难，而是成长的阶梯。学会关上你的消极大门，不要让任何不能给你的未来带来明显益处的东西进入你的思想、你的工作、你的世界。每一次失败后，都要让自己尽快地从不愉快的经历中解脱出来，尽快丢掉一切可能会阻碍自己前进的思想包袱，相信“办法总比困难多”。人的一生会遇到很多麻烦，当你遇到麻烦的时候，也许会觉得放弃比继续前进容易得多，但你却没有意识到，放弃才是最大的麻烦的根源。

一个人若在思想上认为自己是失败者、是不幸者，那么你就不可能全力以赴地去做事情，等待你的将是更多的失败。

06 困难面前，求别人不如求自己

有一个佛教徒走进庙里，跪在观音像前叩拜，他发现自己身边有一个人也跪在那里，那人长得和观音一模一样。

他忍不住问："你怎么这么像观音啊？"

"我就是观音。"那个人回答道。

他很奇怪："既然你是观音，那你怎么还拜自己呢？"

"因为我也遇到了一件非常困难的事。"观音笑道，"然而我知道，求人不如求己。"

"求人不如求己"强调的是自我主观能动性。蒙田有言："我不是很在乎我在别人心目中如何，而是更重视我在自己心目中如何。我要靠自己而富足，不是靠求借于人。"这正是"求人不如求己"的深刻反映。

要承认自我、发展自我，相信"求人不如求己"。梭罗曾说过："要想有一面牢不可破的盾牌，就要站立在自我之中。"我们要实现事业的突破，就应该凭借自己努力发愤图强，以兢兢业业、勤勤恳恳的态度经营事业，努力挖掘自己最大的潜力，自强不息。“有志者，事竟成，破釜沉舟，百二秦关终归楚；苦心人，天不负，卧薪尝胆，三千越甲可吞吴”，这便是自我奋斗的力量。相反，如果否定了自我，不通过发展自己的力量去开拓进取，而一味地寄希望于他人，就永远也无法在竞争中占据主动，只能受制于人。

因此，“求人不如求己”、变被动为主动、寄希望于自我才是最可靠、最有利的成功法则。

每个人都是自己命运的主人，乞求别人，等待别人的恩赐，只能让我们养成一种惰性——那就是把命运的方向盘交给别人，别人给什么，我们就只能要什么，别人不给，就什么也得不到。每个人都会遭受挫折，但我们不能把命运的主动权拴在别人的腰带上。

从前，有两个饥饿的人得到了一位长者的恩赐：一根渔竿和一篓鲜活硕大的鱼，其中一个要一篓鱼，另一个人要了一根渔竿，于是，他们分道扬镳，过各自的生活去了。得到鱼的人原地就用干柴搭起篝火煮起了鱼，他狼吞虎咽，还没来得及品出鲜鱼的肉香，转瞬间，连鱼带汤都吃了个精光。不久，他便饿死了。而得到渔竿的人朝着遥远的海边走去。可当他已经看到了不远处那片蔚蓝色的海洋时，他浑身的最后一点力气也使完了，只能眼巴巴地带着无尽的遗憾撒手人寰。

事实上，我们有时在遇到困难的时候，首先想到的不是自己解决，而是寻求别人的帮助。

一个马车夫正赶着马车，艰难地行进在泥泞的道路上。马车上装满了货物。

忽然，马车的车轮深深地陷进了烂泥中。马怎么用力也拉不出来。

车夫站在那儿，无助地看看四周，时不时喊着大力士阿喀琉斯的名字，让他来帮助自己。

最后阿喀琉斯出现了，他对车夫说："把你自己的肩膀顶到车轮上，然后再赶马，这样你就会得到大力士阿喀琉斯或其他什么人的帮助。"

天助自助者，完全依赖别人的恩赐是不可能的。我们解决问题首先想到的应该是自助。

工作当中难免会遇到许多麻烦和困难，但我们应该最先想到的是自己该如何去做才能解决它。我们要敢于试一试，拼一拼，将自身的能量最大限度地发挥出来，战胜困难，最终解决问题。假如我们刚刚进入工作岗位不久，面对的一切都是新奇的，陌生的，必然时不时地会遇到些困难，但不要退缩，也不要希望得到别人的帮助，唯一的办法就是靠自己，努力去摸索，去体会，找出问题的真正所在。如果我们遇到困难时，只会想着一味地烧香拜佛，乞求得到别人的帮助，那样你将永远陷在困难之中，那样你只能是凡人之中的凡人。

也许凡人之所以是凡人，就是因为遇事喜欢求人，而观音之所以成为观音，大概就是因为遇事只去求自己！如果我们都拥有遇事求己的那份坚强、自信、主动，也许我们就会成为自己的观音。

不同的态度，不同的命运，取决于自己的选择。

07 成功是自信者的专利

有人说：“自信直接决定一个人一生的成长。”这句话表明我们必须重视自信的培养和发展，以免在这个方面陷入误区。

自信就是相信自己一定能做成自己想做的事，遇到困难，从来不打退堂鼓。

自信能最大限度地影响我们的生活、事业以及一切，它能让你成大事，脱颖而出。如果每一个人在生活中都能对自己有适当的信念，对某些方面有一些特别的调整，人生就会变得更加有意义，就会减少无数苦恼，增添许多欢乐！

当然，自己相信自己必须是从无数的尝试和一再的坚持中形成的，表里如一的努力就会使人在这种“我是谁”的转变中获得成功。

人们往往不愿意轻易牺牲自己来拯救别人，特别是当他认为自己是“为自己活着的人”时。但是如果他的信念转变了，他就会乐于助人。

比如在要一个人抽取骨髓之前，先求他做几件小事，使他感到不帮助别人就是违反人的天性，帮助他人是天经地义的，也是一种快乐。那么，当他在内心深处确认“自己是个乐善好施者”时，再求他在无损于己的情况下捐赠骨髓，他会欣然答应的。原因就在于他自己相信自己，世界上最能影响人的东西就在于此。

同样的，一个人要想获得成功，脱颖而出，成为生活和工作中的优胜者，就应该首先在心目中确立自己是个优胜者的意识。同时，他还必须时时刻刻像一个成功者那样思考、行动，并培养身居高位者的广大胸襟，这样做了，总有一天会心想事成，梦想成真。

也许，有人会惊讶地问道：“个人的生活体验不是可以主宰对自我的确认吗？”其实不然，对自我的确认受制于对个人体验的解释。也就是说，你怎样认识你自己过去的人生，就会导致你怎样认识你自己，最终决定你有什么样的自我确认。

身边的朋友或同事们对自己的看法，也会深深地影响我们对自我的信念。还有，时间也影响着自我的信念，过去、现在和未来，你是什么样子，你评价自己的标准又是什么呢？

例如，一个人在10年前过得并不如意，但他想象着有一个美好的未来，并极力向此目标奋斗。结果，今天的他正是当年他心目中确认的那个“未来形象”。由此可见，你以什么样的标准来看不同时期的自我，决定着你自我观念的发展方向。

美国的一个女孩戴伯娜讲述了她的故事：“我从小就是胆小鬼，不敢参加体育活动，生怕受伤，但是参加讨论会之后，我竟然能进行潜水、跳伞等冒险运动。事情的转变是这样的，有人告诉我应该转变自我观念，从内心深处驱除胆小鬼的信念。我听从了别人的建议，开始把自己想象成有勇气的高空跳伞者，并且战战兢兢地跳了一回伞，结果朋友们对我的看法也变了，认为我是一个精力充沛、喜欢冒险的人。

其实，我内心仍认为自己是胆小鬼，只不过比从前有了一些进步而已。后来，又有一次高空跳伞的机会，我就把它看成是改变自我的好机会，心里也从‘想冒险’向‘敢冒险’转变。当飞机上升到15 000米的高度时，我发现那些从未跳过伞的同伴们的样子很有趣。他们一个个都极力使自己镇定下来，故作高兴地控制内心的恐惧。我心想：以前的我就是这样子吧！刹那间，我觉得自己变了。我第一个跳出机舱，从那一刻起，我觉得自己成了另外一个人。”

故事中，戴伯娜变化的主要原因在于内心自我观念的转变。她一点一滴地淡化掉旧的自我，采取新的自我观念，从而在内心深处想好好表现一番，以作为别人的榜样。最终，戴伯娜的自我观念转变了，从一个胆小鬼变成一位敢于冒险、有能力并且正要去体验人生的新女性。

如果某种自我观念给你带来痛苦，那么要马上改掉它。要明白：所有的一切都只不过是你自己要认定那么做的，是你心中为自己预先设定的，你完全可以改变它们。

一旦你改变那些观念，你的人生也会随之改变。你明白了自己、相信了自己，是一个自己认定、环境影响的长期渐进过程；你想改变的话，就随时都可以改变，直至改变自己平凡的人生。

自信具有非凡的魔力，是成功的第一秘诀。没有成功，人生便失去意义；没有自信，人们便失去成功的可能。自信是人生价值的自我实现，是对自我能力的坚定信赖。失去自信，是心灵的自杀，它像一根潮湿的火柴，永远也不能点燃成功的火焰。许多人的失败并不在于他们不能成功，而是因为他们不敢争取，或不敢不断争取。而自信是成功的基石，它能使人强大，能使丑小鸭变成白天鹅。你只有对你所从事的事业充满必胜的信念，才会采取相应的行动。没有自信，绝无行动，再壮丽的理想也不过是没有曝光的底片。

第二章

释放精神的火焰

人生因梦想而璀璨，梦想因激情而燃烧。当我们树立了一个美好的理想，我们便会以我们的激情去创造，去拼搏。尽管燃烧自己吧，你会发现浴火的凤凰更加绚丽。人生也是一样，激情燃烧之后，生命更完美。

01 梦想
是成功之母

对世界最有贡献、最有价值的人，必定是那些目光远大，具有先见之明的梦想者。他们能运用智慧和知识，为人类造福，以拯救那些目光短浅，深受束缚和陷于迷信的人们。有先见之明的梦想者，还能把常人看似不可能的事情逐个变为现实。有人说，想象力这东西，对于艺术家、音乐家和诗人大有用处，但在实际生活中，它的位置并没有那么的显赫。但事实告诉我们：凡是人类各界的领袖都做过梦想者。无论工业界的巨头、商业的领袖，都是具有伟大的梦想、并持以坚定的信心、付以努力奋斗的人。

马可尼发明无线电，是惊人梦想的实现。这个惊人梦想的实现，使得航行在惊涛骇浪中的船只只要遭受到灾祸，便可利用无线电，发出求救信号，从而拯救千万生灵。

电报在没有被发明之前，也被认为是人类的梦想，但莫尔斯竟使这梦想得以实现。电报一经发明，世界各地消息的传递，就变得非常的便利。

史蒂芬孙以前是一个贫穷的矿工，但他制造火车机车的梦想也成为现实，从而使人类的交通工具大为改观，人类的运输能力也得以空前地提高。

这许多功成名就者能够拥有惊人的梦想，部分应归功于英国大文豪莎士比亚，是他教人们从腐朽中发现神奇，从平常中找到非常之事。

人类所具有的种种力量中，最神奇的莫过于有梦想的能力。假如我们相信明天更美好，就不必计较今天所受的痛苦。有伟大梦想的人，就是铜墙铁壁，也不能挡住他前进的脚步。

一个人假如有能力从烦恼、痛苦、困难的环境，转移到愉快、舒适、甜蜜的境地，那么这种能力，就是真正的无价之宝。如果我们在生命中失去了梦想的能力，那么谁还能以坚定的信念、充分的希望、十足的勇敢，去继续奋斗呢？

美国人非常喜欢梦想。不论多么苦难不幸、穷困潦倒，他们都不屈从命运，始终相信好的日子就在后面。不少商店里的学徒，都幻想着自己开店铺；工作中的女工，幻想着建立一个美好的家庭；出身卑微的人，幻想着掌握大权。

人有了幻梦，才可能有远大的理想，才会激发出内在的潜能，奋发努力，以求得光明的前途。

仅有梦想还是不够的，有了梦想，同时还需要有实现梦想的坚强毅力和决心。如果徒有梦想，而不能拿出力量来实现愿望，这也是不可取的。只有那实际的梦想——梦想的同时辅之以艰苦的劳作、不断的努力，那梦想才有巨大的价值。

像别的能力一样，梦想的能力也可以被滥用或误用。假如一个人整天除了梦想以外不做别的事情，他们把全部的生命力花费在建造那无法实现的空中楼阁上，那就会祸害无穷。那些梦想不仅劳人心思，而且耗费了那些不切实际梦想者固有的天赋与才能。

要把梦想变成事实，需靠我们自己的努力。有了梦想以后，只有付诸不懈的努力，才可使梦想实现。

在所有的梦想中，造福人类的梦想最有价值。约翰·哈佛用几百元钱创办了哈佛学院，就是后来世界闻名的哈佛大学。

人不光要有梦想，还要信仰梦想，更要激励自己去实现梦想。每个人都有向上的志向，志向就会像一枚指南针，引导人们走上光明之路。良好的幻梦，就是未来人生道路美满成功的预示。

人们心中的希望，与理想梦幻相比，常常更有价值。希望经常是将来真实的预言，更是人们做事的指导，希望可以衡量人们目标的高低，效能的多寡。

有许多人容许自己的希望慢慢地淡漠下去，这是由于他们不懂得，坚持着自己的希望就能增加自己的力量，实现自己的梦想。

希望具有鼓舞人心的创造性力量，她鼓励人们去尽力完成自己所要从事的事业。希望是才能的增补剂，能增加人们的才干，使一切幻梦化为现实。

大自然是个公平的交易员，只要你付出相当的代价，你需要什么，她就会支付给你什么。人的思想就像树根一样，遍布在四方，这许多思想的根产生活力，就能带来希望。

假如没有南方，那么候鸟就不会在冬天飞去南方，因为正是南方给了候鸟希望。造物主给人们以希望，希望他们实现更伟大、更完美的生命；希望他们的人格获得充分的发展；希望他们获得永生。所以，只需努力去干，都有实现愿望的可能。

希望也有合理与不合理之分。所谓合理的希望，并不是那些荒诞不经、超越情理的妄想。从一个人的希望能够看出他在增加还是减少自己的才能。知道一个人的理想，就能知道那个人的品格、那个人的全部生命，因为理想是足以支配一个人的全部生命的。

在树立希望以后，人的思想和感情便会变得坚定不移。因此，每个人都应有高尚的目标和积极的思想，更需下定决心，绝不允许卑鄙肮脏的东西存在自己的思想里、行动里，无论做什么事，都要向着高尚的目标。

积极进取的思想，足以改进人的希望，使人尽量地发挥他的才干，达到最高的境界。积极进取的思想，能够战胜低劣的才能，可以战胜阻碍成功的仇敌。即使看似不可能的事情，只要抱定希望，努力去做，持之以恒，终有成功的一天。希望是事实之母，无论是希望有健康的身体、高尚的品格，还是有巨型的企业，只要方法得当，尽力去做，便有实现的可能。

一个人有希望，再加上坚韧不拔的决心，就能产生创造的能力；一个人有希望，再加上持之以恒的努力，就能达到希望的目的。有了希望，假如没有决心和努力的配合，对希望漠然视之，那么即使再宏大美好的希望也会烟消云散，化为泡影。

人的希望就像造就人生的大厦，工程师的脑海里早有精密的设计；同样，全部事业在没有进行之前，自然要有确定的希望。

为了实现希望而制定的计划，假如不加以切实的努力，那么一切计划都会成为泡影；正如工程师的蓝图打好以后，不兴土木，再好的蓝图也如废纸一样。

假如你愿意求得生命中某方面的改进，你就应当很热烈地、很坚毅地渴望着那些理想，把它们保留在你的心中，一刻也不要放松，直到实现为止。

一颗充满希望的心灵，具有极大的创造力，这种创造力会发展人的才能，实现人的理想。

时常存在着美好的期待，期待着未来前程充满光明与希望；期待着未来我们的美好梦想终能实现，从这中间，能够生出巨大的力量来。

对于我们的生命，最有价值的莫过于在心中怀着一种乐观的期待态度。所谓乐观的期待，就是希望获得最好、最高、最快乐的事物。

假如对于我们自己的前程，有着良好的期待，这就足以激发我们最大的努力。期待安家立业、安享尊荣；期待在社会上获得重要的地位，出人头地。这种种期待都能督促我们去努力奋斗。

世界上有许多人认为，一切舒适繁华的东西、精美的房屋、华丽的衣服以及旅行娱乐等，都不是为他们预备的，而是为其他人预备的。他们相信这种种幸福，不属于他们所有，而是属于另外阶层的人所有，他们自认为属于低等的阶层，属于没有希望的阶层。试问：一个人有了这样的自卑观念后，还怎能得到美好的享受呢？

假如一个人不想得到美好的享受，志趣卑微，自甘低下，对于自己也没有过高的期待，总是认为这世间的种种幸福并非为自己预备着的，那么这种人自然就永远不会有出息。

我们期待什么，便得到什么，人应该努力期待；假如我们什么都不期待，自然就一无所得。安于贫贱的人，自然不会过上富裕的生活。

有了成功的期待，心中却常抱着怀疑的态度，常怀疑自己能力的不足，心中常对失败有多种预期，这就是所谓的南辕北辙！只有诚心期待成功的人，才能成功。所以，一个人必须要有积极的、创造的、建设的、发明的思想，乐观的思想也尤为重要。

有的人一方面努力这样做，而同时又那样想，最终就只有失败。假如你渴望得到昌盛富裕，而同时却怀着预期贫贱的精神态度，那么你永远不会走入昌盛富裕的大门。

有很多人虽然努力做事，但常常一事无成，原因在于他们的精神态度不与其实际努力相应和——当他们从事这种工作的时候，又在惦记着其他工作。他们所抱有的错误态度，会在无形中把他们所真正渴求的东西驱逐掉。不抱有成功的期待，这是使期待无法实现的巨大障碍。每个人都应该牢记这句格言：“灵魂期待什么，即能做成什么。”

恐惧有着极大的势力，恐惧心理常常减少人的生气，会使生命的源泉干涸。只有远大的希望、深切的信仰，才能医治人的懦弱，改善人的习惯和品性。期待将来有美好的享受，期待获得健康和快乐，期待在社会上有地位，这各种期待，都是成功的资本，都有助于促成一个人的成功。

希望是前进的动力，是奋斗的勇气。很多身残志坚的人，他们虽然经受着病痛的折磨，却依然刻苦地学习、工作，尽最大努力来改变自己的命运。他们的这种拼搏精神和永不向困难低头的勇气，就来源于他们对未来生活的美好希望和正确积极的人生态度。

期待能使人们的潜能充分地发挥出来，唤醒我们潜伏的力量。而这种力量如若没有大的期待，没有迫切的唤醒，是会长久被埋没的。

每个人都应当坚信自己所期待的事情能够实现，千万不要有所怀疑。要把任何怀疑的思想都驱逐掉，换之以必胜的信念。在乐观的期待中，要有坚定的信仰；假如有坚定的信仰，努力向上，必定会有美满的成功。

02 重要的不是过去，而是未来

所谓浪子回头金不换，重要的不是过去而是未来。过去，在昨天就已经结束了，今天才是真正的开始。只要认识到自己的过失，横下一条心面向未来，一切都会改变。

有一个孩子，很小的时候就失去了父母，这个可怜的孩子无依无靠，整天四处游荡。没有人知道，她到底是谁家的孩子。

有一次，她来到教堂，看牧师做祷告。牧师注意到她，就问："孩子，你是从哪里来的，你的父母亲呢？"于是，所有人的目光都集中到她的身上，这个孩子惊慌得不知所措，同时感到屈辱和自卑。牧师见到这样的情景，马上明白了一切，他把手放到孤儿的肩膀上，深情而有力地对她说："我知道你是谁家的孩子了——你是上帝的孩子。"

众人非常吃惊，孤儿也惊奇地仰头看着牧师。"你要知道，过去不等于未来，"牧师说，"在这个世界上，最重要的事情，不是你从哪里来，而是你想到哪里去。"这些话给了那个孤儿极大的启发和信心。她的生活从此发生了改变，她刻苦学习，不断追求，后来，她终于成为美国一流的企业总裁。

在个人的发展上，由开始的茫然不清到对未来发展有了自己的理解、想法和长远的规划，这是成长的必然过程。

在生命的旅途当中，你永远都要对自己有信心，要勇于进取，不断超越现在的自己。只要对未来有希望，你就会充满力量。改变一切消极的人生态度，别人拥有的，你一样可以拥有；别人没有的，你也照样可以拥有，你要像勇士那样，敢于攀越高峰。永远不要失去信心，更不要向自己的生命宣告死刑。只要活着一分钟，你就可以创造精彩的人生，就可以使自己的生命发生彻底的变化。

你要有清晰明确的愿望，弄清楚自己究竟想做什么样的改变，有什么要求。然后确定一个可实现的目标，这就是你职场新征程的航标。同时明确为了实现这个长期的目标，你要把它分为几个短期目标。设定了明确的目标之后，还要知道达到你的目标究竟需要哪些相关的工作技能与社会经验，你目前的状况是怎样的，是否足以去克服困难，谁能帮助你实现目标。对自己做一个深入的剖析，并为实现目标而去充实、完善自己，这样你的目标就不至于成为镜中花、水中月。

当你对自己的未来模糊时，别人的成功模式可以给你很多借鉴。找一个楷模，树立一个榜样，这样可以让你更清晰地了解自己的差距，以便更快捷地达到你的目标。

多点冷静，保持一颗平常心，从走过的路上找到失败的教训。第一步走错了，可后面还有很长的路，你不可以都走错。要冷静、客观地分析自己，以平常心来对待发展过程中遇到的一些问题或困惑，不拘泥于眼前的压力，在制定目标、为实现目标奋斗的过程中感受成长的快乐。

走过的路只是你职业生涯的一部分，它体现的是你的过去。从哪里来不重要，重要的是你要到哪里去。你对于改变不利局面的渴望，如果和在说话时渴望呼吸氧气那样迫切，那么，你就可以获得成功。同样，如果你有强烈的愿望来克服人生当中的一切不良心态时，你自会看到出路，成功的时刻，将会悄然而至。

03 即使 1% 的可能，也要用 100% 的热情

热情是自信的来源、行动的基础，行动是进步的保证。一个没有热情的人，学习和工作的效率都不会高，也很难获得良好的成绩，更不可能有

高质量的生活。一个没有热情的人，就不会有生机和活力，会变得死气沉沉、毫无斗志。热情是态度积极的表现，是改变命运、提高生活质量的最重要因素之一。

长时间地在某一环境下工作，很容易成为某个岗位的工作骨干，但日复一日地重复相同而琐碎的事务，自然会有一种索然无味的感觉，自己无法左右自己，再加上很少得到提拔，或者经常得不到好评，这样就很容易产生一种无助感和渺茫感，从而导致工作情绪低落。出现这种情绪，主要是因为你只知道工作，而没有明白自己工作的价值。

要想拯救自己，只有迫使自己树立起使命感。如果你是一位负责人，当众演讲又是你最惧怕的事情，那就每天迫使自己对着镜子练习演讲；如果你是一位业务人员，偏偏性格又很内向，那就迫使自己主动与业务单位进行联系、沟通；如果你是一位网络工作者，就必须迫使自己认真学习最新的 IT 知识。

即使 1% 的事情，也要用 100% 的热情。一旦有了激情，你就会主动地为自己出点儿难题，每天都有难题处理，自然就会活得充实。坚持不懈，你就会发现自己每天都在进步，每天都能感到进步带来的快乐。

许多职场人不如意的时候总是习惯于把工作场所称为地狱，遭遇不幸，就认为自己进入了地狱之门，其实地狱和天堂只是一念之差，而这完全取决于自己的认识。不少人采用消极的办法来对待压力，如一味忍受、设法躲避、寻找借口等，时间一长，就会变得更加疲惫。工作本身是件严肃的事情，可在紧张的工作间隙，适当地通过游戏、幽默放松一下心情，这样就可以减轻压力，让自己变得轻松些。也有些人喜欢在压力中生活，在压力中迎接挑战，觉得那样很有成就感。但是压力过多也会让自己喘不过气来，久而久之还会损害身心健康。做幸福白领，必须学会颠覆压力。

现代社会，工作节奏不断加快，得失似乎也在转瞬之间，变化常让你头昏脑晕，跟不上节奏，这就有可能使你落入忧郁的陷阱中而形成压力。在自己工作情绪不好时，你可以通过各种方法来排解它，使之有所改变。可以把自己的得失与朋友倾诉，特别是在坏情绪降临心头时，可以去找一位知心朋友聊聊天，谈一些工作之外的事，如你们共同的爱好、音乐、小说或电视剧。发出你的感慨，这样可以忘记忧郁，或许还有可能发现对你有帮助的东西。多想想自己的成功或者美好的时光，回忆过去的辉煌以及别人对自己的赞美。暂时告别工作中的压力，放松自己，不仅有利于你发现生活的乐趣，还能为做好工作带来后劲。

陌生的工作环境可以使你充满好奇、兴奋、新鲜，什么事情都跃跃欲试。等逐渐熟悉了一切之后，就失去了兴致，更多的体验是谨小慎微、见怪不怪、

程序化地完成任务，长此以往，工作激情就消失殆尽，似乎只留下了一个躯壳，空空荡荡。对此，你可以想办法为自己创造各种“陌生”环境，时刻给自己一些新鲜感。你还可以去外部开辟学习充电的各种不同环境，比如考研或研究一个新领域，从而为进一步发展增添实力，也可以争取参加单位或者社会的相关培训，努力争取在各种场合结交新朋友等。

热情能使你获得良好的工作业绩，大大提高你的工作效率，不论你从事的是什么工作，只要有满腔热情，就一定会有收获。热情是多功能的、永恒的特效药，能使你更加专注，能帮你战胜挫折、克服困难、走出逆境，能使你获得良好的人际关系，能帮你消除抑郁、改善情绪……最根本的，热情能使你的态度从消极转为积极，使你的积极态度进一步强化、完善。

04 主动展现你最有价值的东西

俗话说：“酒香不怕巷子深。”这话只适合过去，如今是酒香也怕巷子深。一个人无论才能如何出众，如果不善于把握，那他就得不到伯乐的青睐。所以，人需要自我表现，而且自我表现时必须主动、大胆。如果你不去主动地表现，或者不敢大胆地表现自己，你的才能就永远不会被别人知道。

要获得晋升，做好工作仅仅是个基础，还要善于把握表现的技巧。要获得上司的认可、得到提升，应该适当、有效地向上司展示自我，表现自己的才能。

吉姆和伯恩性格不同，但都是公司的部门经理。吉姆管的是营销部门，人员多且重要。伯恩管的是一个宣传部门。吉姆以大自居，工作又不主动，每次去老板那里汇报工作，总是被安排到最后。等到他汇报时，老板已经很疲劳，只得催促他简单一点儿说，甚至有时候他还没说完，就因为时间问题而被迫中断了。伯恩则敢于争先，不以自己的部门不重要而自卑，每周都要坚持向上司汇报一次工作，并且总是争取先安排他汇报。汇报时，他除了谈自己的工作，还要谈谈与其他部门的配合以及未来的计划，并且从没忘记对上司和同事的感谢。公司领导们在评价两个部门经理的工作时，大家都普遍觉得伯恩很能做事也很会做事，而且很有成绩；对吉姆则有一种不太了解的感觉。

争先和谦让，做法不同，效果也就截然相反。吉姆的退让，不仅使自己的工作毫无成绩，连部门的同事也跟着吃亏。不主动展示自己，别人怎么能够知道你？你又怎么会得到好的评价？如果你感觉自己具备了做某项工作的才干和本领，就要努力去争取。如果不去争，就没有人知道你的才能。是金子总会发光，这不过是自己不会表现的借口罢了。金子确有发光的天性，但把它埋进土中，有谁会看得见土中金子所发出的光？

推销自己要讲究方式和包装。上司一般自诩有伯乐的眼光，对于自荐或被引荐来的人似乎不愿重用，那么，你在自荐时就要“曲径通幽”，迂回曲折地表现你的才能，既要使上司注意到你，又不自己点破天机。

杰克是一家燃料公司的经理。公司附近有一家很大的化工厂，每年需要大量的焦炭。然而，化工厂从来也没买过他们的货，却舍近求远到别家购买。杰克策划召开了一次研讨会，主题是化工业的发展与环境的关系。辩论会很受各界关注，前来聆听者众多，电视台也来凑热闹。

然而，在研讨会上，杰克竭力为化工厂辩护，结果败下阵来。他趁机找到化工厂的老板，说明了研讨的情况，并诚恳地向老板请教有关化工企业的问题。老板十分热情地提供了许多见解及数据，两人谈得十分投机。当杰克离开时，老板亲自送他出门，还说要杰克再来这里，可以商谈购买焦炭的事情。杰克的成功便在于向化工厂的老板表明，自己对化工业很感兴趣。虽只字没提供货之事，却通过这样方式表达了自己的愿望，获得了回报。

展示是必须的，但也要讲究策略，展示不该展示的东西如同不展示是一样的。比如展示你过去不凡的成绩，那只会证明你现在比过去做得差，没有进步；展示自己对公司、对上司的忠诚，但忠诚本来就是做部属应尽的职责。最聪明的策略是展示你的潜在价值。这样，上司才能明白你有才华和能力，可胜任比目前更具有挑战性的工作和更高的职务，能为团队创造价值。

展示潜力，就是向上司证明你不仅可用，而且还可以重用；不仅可以做好目前的工作，而且可以担当重任。当然，仅有这些还不够，还要抓住机会表现自己多方面的才能，用业绩说话。在职场上，才华是一个人晋升的有力武器，是得到领导认可的重要资本，聪明的人懂得如何适当地展示自己的才华，这一点尤为重要。要把握好这个度，要让别人觉得你的才华是在不经意间流露出来的。

05 没有任何借口

工作中最糟糕的事情就是推卸眼前的责任。推卸责任最常用的手段就是寻找各种借口。

事情做不好的时候，我们会听到“抱歉，我不会”“对不起，我没有足够的时间”“他太挑剔了”“这不是我的错”“是他没有告诉我”等借口；迟到的时候，我们会听到“路上堵车了”“手表停了”等借口；产品没卖出去有借口；顾客不满意有借口……久而久之，就会形成这样一种局面：每个人都努力寻找借口来掩盖自己的过失，推卸自己本应承担的责任。

因为害怕承担责任，便努力寻找借口，借口让我们暂时逃避了困难和责任，获得些许心理慰藉。但一味地寻找借口无形中会提高沟通成本，削弱协调作战能力。如果养成了寻找借口的不良习惯，那么，当遇到困难和挫折时，就不会积极地想办法克服，而是去找各种各样的借口。借口的背后也意味着“我不行”

和“我不想去努力”。

成大事的人无一例外都是责任感强，敢于承担责任的人。因为他们有强烈的责任感，他们不会去寻找任何借口推卸责任。

1965年，一个瘦小的男孩来到西雅图一个学校的图书馆，他是被推荐来这里帮忙的。第一天，管理员给他讲了图书的分类法，然后，让他把那些刚归还图书馆，但放错位置的图书放回原处。“像是当侦探吗？”男孩问。“当然！”管理员笑着回答。

男孩开始在书架之间穿梭，就像在迷宫里，一会儿，他找到三本放错位置的书。

第二天，男孩来得很早，而且更加努力。这天快结束的时候，他请求正式担任图书管理员。

两个星期过去了，男孩工作得很出色。但他告诉管理员，他的家要搬到另一个街区，他不能来这里了。他担心地说：“我不来了，谁来整理那些站错队的书呢？”

不久，小男孩又回到这个图书馆，告诉管理员，那个学校不让学生做管理员，他妈妈又把他转回这个学校，由爸爸接送。“我又可以来整理那些站错队的书了。”他还说，“如果爸爸不送我，我就走路来！”

男孩的负责态度令管理员很感动，他认为，这孩子一定会做出了不起的事业。只是他自己没料到，男孩日后竟成为信息时代的天才、微软老板他就是比尔·盖茨。

作为一个伟大的成功者，比尔·盖茨从不找借口推卸责任。一次，比尔·盖茨在公司高层会议上说错了一句话，秘书向他指出，他立即承认：“对不起，我错了。”

不找任何借口，对自己的言行负责，这是成大业者必备的素质。

要学会在问题面前、困难面前、错误面前勇于承担起自己的责任，努力寻找解决方案，而不是在发生问题时，四处寻找托词和借口。有这样一句话，“没有卑微的工作，只有卑微的工作态度”。相同的工作，用消极的态度与积极的态度去做，效果会截然不同。既然是必须做的事情，无法推脱，为何不积极去面对呢？与其埋怨工作，不如行动起来将事情处理好！

不论做什么，都应该尽力而为。只要现在能够做到，就不要推迟，哪怕只有 1 个小时，甚至 1 分钟。没有任何借口，自动自发，所有的障碍都会变得微不足道。凡是身处要职且卓有成就的人，都具备这种优良特性。

一些人在出现问题时，不是积极、主动地加以解决，而是千方百计地寻找借口，致使工作无绩效，业务荒废。

有一个印刷厂，照例为老客户印刷了一本图书。书印完，装订时，发现出现了重大纰漏，一小部分必须作废，重新印刷。业务员打电话给这家出版社，先是为自己辩解一通，然后，告诉对方，重印的费用由出版社承担。他说：“这个责任我个人不能负。”对方很生气，说：“明明是你们出了错，费用就该你们出啊。”协调不成，以后，这个出版社再也不和这家印刷厂合作了。失去了一个大客户，印刷厂厂长很气恼，毅然辞去了这个业务员。

总是有一些人找各种各样的借口，于是，借口变成了一面挡箭牌，事情一旦办砸了，就要找出一些冠冕堂皇的借口，以取得他人的理解和原谅。找借口表面上能把自己的过失掩盖掉，使自己的心理得到暂时的平衡。但长此以往，人就会疏于努力，不再尽力争取成功，而是把大量的时间和精力放在如何寻找一个合适的借口上。

06 尽职尽责 才能尽善尽美

美国著作家威廉·埃拉里·钱宁说：“劳动可以促进人们思考。一个人不管从事哪种职业，他都应该尽心尽责，尽自己的最大努力求得不断的进步。只有这样，追求完美的念头才会在我们的头脑中变得根深蒂固。”

在一家历史悠久的景德镇陶瓷店里，有一对师徒，师傅手艺精湛，徒弟也技艺高超。一次，师傅交给徒弟一个任务，让他为客人做一个陶瓷花瓶，并且给了徒弟这个花瓶的详细型号与具体规格。徒弟严格地按照师傅的吩咐做了，可是当徒弟将花瓶交给师傅时，师傅并没有对徒弟的工作表示赞赏。徒弟觉得很奇怪，便问师傅。师傅语重心长地对他说："虽然你所做的工作完全符合我的要求，但仅仅是尽到了工作的本分而已。要想成为真正的优秀者，还必须在我所要求的这 100 分之上加上更多的努力，向着完美进发。"

尽职尽责才能尽善尽美。徒弟领悟师傅的教诲，终于青出于蓝而胜于蓝，成为当地有名的陶瓷大师。

事实上，各行各业都需要全心全意，尽职尽责去工作，因为尽职尽责是培养敬业精神的土壤。如果在你的工作中没有了职责和理想，你的生活就会变得毫无意义。所以不管你从事什么样的工作，平凡的也好，令人羡慕的也好，都应该尽职尽责，求得不断的进步。

想当年，迈克尔·乔丹是篮球场上无敌的"飞人"，年薪上千万美元，但他仍为每一场的胜利拼搏；已是全球首富的比尔·盖茨仍潜心凝神地工作，决意把微软的产品卖到全球每一个地方……在这里，虽然他们的身份不同，但是他们的工作态度却有着惊人的相似：尽职尽责地对待工作，百分之百地投入工作，从来没有想过要投机取巧，从来不会在工作上打折扣。所以，一个人在执行中能否尽职尽责，决定了其执行的结果是否完美。

约翰·伍登也有类似的名言："成功就是知道自己已经倾注全力，达到自己能够达到的最极致的境界。"

公元前 490 年，希腊和波斯在马拉松平原上展开了一场激烈的战斗，希腊人打败了前来侵略的波斯人。上级命令菲迪皮德斯在最短的时间内将捷报送到雅典，以激励身陷困境的雅典人。菲迪皮德斯接到命令后从马拉松平原不停顿地跑回雅典，当他把胜利的消息带到雅典时，自己却累死了。1896 年，为了纪念这位尽职尽责的士兵，希腊人在第一届奥林匹克运动会上，就用他跑的距离作为一个竞赛项目，即马拉松，用来激励那些勇于承担责任、坚持完成任务的人。

世界著名文学家高尔基说："负责任，是一个人最基本的品质。如果我们放弃了责任，也就等于放弃了整个世界。"

社会学家戴维斯说："放弃了自己对社会的责任，就意味着放弃了自己在这个社会中更好的生存机会。"放弃承担责任，或者蔑视自身的责任，就相当于在可以自由通行的路上自设障碍，摔跤绊倒的也只能是自己。

尽善尽美就要有刻苦敬业、不达目的不罢休的精神。我们每一个员工都应该超越自己，拒绝平庸。所以我们要有突破传统、尝试新鲜事物和解决困难的勇气，还要有胆识承受压力。只有精益求精，才能尽善尽美。

07 做生活的强者

一个年轻女子找到母亲，告诉她自己在生活中遇到困难，并抱怨世事的艰难。母亲把她带到厨房。

她将三个水壶分别装满水。在第一个壶里，她放进胡萝卜，第二个壶里放

入鸡蛋，最后一个壶里放的是磨好的咖啡粉。她默默地将壶放在炉子上煮了起来。大约 20 分钟后关掉炉子。她捞出胡萝卜放到一个碗里，然后取出鸡蛋放入另一个碗里，最后用勺舀出咖啡放入一个碗里。

她让女儿靠近一些，让她摸一下胡萝卜。女儿照着去做，发现胡萝卜变软了。母亲又让女儿拿起一个鸡蛋将其敲碎。剥掉蛋壳后，女儿看到一个煮熟的鸡蛋。最后，母亲让女儿尝了一口咖啡。女儿明白了，因为她品尝到咖啡的浓香。

在这里，每样东西都面临同样的环境——沸水的煎熬，然而它们各自的反应却大不相同。胡萝卜放入水壶的时候又硬又坚挺，然而经沸水煮过后却变得柔软并很容易弯曲了。鸡蛋原本易碎，靠着一层薄薄的蛋壳保护着里面的蛋清。但被水煮过之后，它的里面变硬了。而磨好的咖啡粉，经沸水煮过之后，却把水都改变了。

“你是哪一类呢？”母亲问女儿。“当困难来临时，你要怎么做？你是做胡萝卜、鸡蛋还是咖啡豆？”

你是貌似坚强的胡萝卜，经过痛苦和逆境之后，变得气馁、软弱从而丧失斗志？又或是鸡蛋，开始有一颗软弱易碎的内心，但加热过后有所改变？你的内心是否可以变得像坚强的鸡蛋，经历死亡、分离、经济无助或其他的磨难之后，变得坚强刚毅了？你是否看上去外表依旧，但你的心灵却百折不挠，你的内心坚毅而刚强？或许你像咖啡豆？

咖啡改变了那壶热水——虽然热水给它带来苦难。但水加热时，咖啡豆却释放出浓郁的芳香。

如果你是咖啡豆，当处境极其糟糕时，你会发挥得更好，并一举改变劣势。当你身处最黑暗的关头，备受命运折磨之际，你会提升到另一个高度吗？

很多时候，我们所遇到的问题和麻烦并不是不可战胜的灾难，而是锻炼和考验我们态度的一种方式。它为态度积极的人提供了成功的契机，使他们获得成长和进步。毕竟，机遇只有少数人能把握，成功也只属于少数人。

正确的态度能使棘手的问题转化为契机，更重要的是，在解决问题的过程中你也许会发现很多更好的机会。因为当一个人刚开始做某一件事情的时候，往往条件并不成熟，自身也缺乏经验，而在他致力于解决具体问题的过程中，往往能够发掘出来一些更加成熟、可操作性更强的机会，自身能力及素质也会在解决问题的过程中得到锻炼和提高。

在我们身边，有许许多多不如意的事情。其实，每一件不如意的事情中，都隐藏着一个机会，能帮助你提升事业，改善人际关系，提高生活品位。每一个创新都是从抱怨开始的：有人抱怨道路不平，于是出现了水泥大道；有人抱怨煤油灯不够亮，于是有了电灯……与其嘀嘀咕咕抱怨这抱怨那，不如想一下里面有没有可以发展自己的机会，每一个问题的背后都有可能蕴藏有好的机会。

第三章
放飞自我

“自我”是一个值得肯定的字眼，认清自我，相信自我，放飞自我，才能成就最好的自己。当我们把一个完完全全的自我真正放飞的时候，曾经远大的理想，曾经企盼的辉煌，就会与我们相伴。

01 “看轻”自己，轻装上阵

尼采曾经说过：“聪明的人只要能认识自己，便什么也不会失去。”正确认识自己，才能使自己充满自信，才能使人生的航船不迷失方向。正确认识自己，才能正确确定人生的奋斗目标。只有树立了正确的人生目标，并充满自信，为之奋斗终生，才能获得你想要的成功。

一位年轻作家初到纽约，马克·吐温请他吃饭，陪客有30多人，都是本地的达官显贵。临入席的时候，那位作家越想越怕，浑身都发起抖来。

“你哪里不舒服吗？”马克·吐温问。

“我怕得要死。”那位年轻作家说，“我知道，他们一定会请我发言，可是我实在不知道该说什么，一想起可能要在他们面前丢人出丑，我就心神不宁。”

“呵呵，你不用害怕，我只想告诉你——他们可能要请你讲话，但任何人都不指望你有什么惊人的言论。”

马克·吐温的话对很多年轻人来说都是适用的，当你感到别人在“注视”

自己的时候，一定要明白，每个人都有自己的事要做，他们没有那么多时间和精力注意你，大家还是把你当成一个普通人来看待，并不指望你能干出多么惊天动地的大事。你只要和别人一样，按部就班地工作，就算圆满完成任务了。

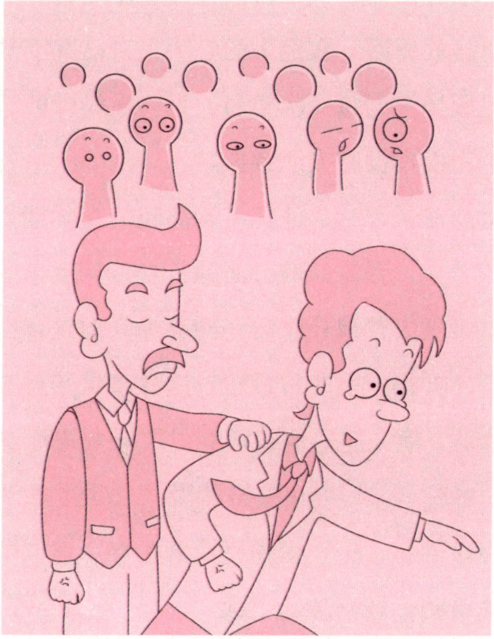

在这个越来越理智的时代，一个人的优点要通过很长的一段时间才能展示出来，一亮相就获得满堂喝彩的日子已经过去了。相反，过分的标新立异反而容易引起人们的反感。你唯一要做的，就是让人们看到你确实为此做了充分的准备，尽了自己的最大努力，这就足够了。

在匆匆而过的人生路上，我们只是别人眼中的一道风景，对于第一次成功，第一次失败，完全可以一笑而过，没必要过多地纠缠于失落的情绪中，你的哭泣只会提醒人们再次注意到你曾经的无能。你以微笑视之，别人也就忘记了。

有句话说："20 岁时，我们顾虑别人对我们的想法；40 岁时，我们不理会别人对我们的想法；60 岁时，我们发现别人根本就没有想到我们。"这并不是消极，而是一种人生哲学——学会看轻自己，才能做到轻装上阵；没有任何负担地踏上漫漫征途，你的人生路途才能更坦直。

其实，所有的不堪和烦恼，只是自己杯弓蛇影的自恋和自虐而已，所有的担心和忧虑，全是自己的原因。在别人的心中，自己并不是那么重要的。

因此，当你面对职场上的每一次参与、每一次失败的时候，你完全没必要过多地纠缠。事实上，根本没有人注意你。

参加工作后，张涛非常兴奋，他凭借着高超的交际能力和良好的口才，很快和同事打成一片。后来，张涛这两方面的长处传到上司的耳朵里，于是，在一次接待客户时，上司破天荒地让张涛一同参加。但是，由于精神紧张，他没有发挥出应有的水平，弄得上司非常尴尬。这件事虽然过去很长时间了，张涛却还在因此而郁郁寡欢。他一遍遍地跑到上司那里去解释说："我那天太紧张，否则一定能取得客户的信任。"上司安慰他说："没关系，我相信你的能力。"可是他一见上司就提这件事，把上司弄得非常头疼。对同事，张涛也是不住地解释，同事更是嫌他唠叨，渐渐疏远了他。

也许，这是一个比较极端的例子，但是它却可以给我们一个启示：我们是否太在意自己的感觉？比如，你在路上不小心摔了一跤，惹得路人哈哈大笑。你当时一定很尴尬，认为全天下的人都在看着你。但是你如果站在别人的角度考虑一下，就会发现，其实，这件事只是他们生活中的一个插曲，甚至有时连插曲都算不上，他们顶多哈哈一笑，然后就把这件事忘记了。

这也难怪，每个人都有自己的事情要做，人们没有那么多时间把注意力完全集中到你身上。你只不过是他们当中平凡的一员，他们并不期望你能干出什么惊天动地的大事，即使是上司也是如此。

如果你不住地抱怨、哭泣，不仅无益于事，反而会提醒别人：你曾经是多么的无能。因此，面对职场的每一次参与、失败，你完全没必要耿耿于怀，更不必揪住所有人作解释。事实上，根本没有人注意你。这并非消极的认知，而是每个职场人士必须懂得的一个成功哲理——“看轻”自己，轻装上阵。

02 决不轻易放弃和改变目标

人生需要目标的指引，没有目标，就没有成功。成功者都坚信：要想得到什么，就必须用积极的行动去完成什么。目标是人生成功的动因，没有人能够离开目标而成功，伟人也不例外。除了懒惰和自我怀疑，世界上没有什么东西能够阻止你实现自己的目标。

但是，一个人的目标很容易被偷走，或者是被现实诱惑，或者是因妄自菲薄，或者是被困境……外来的因素越多，被盗走的可能性就越大，甚至连时间也会将你的目标盗得一干二净。

从小就显露出赚钱天赋的巴菲特，11 岁时和姐姐一起以每股 38 美元的价格买了 3000 股城市服务公司的股票。令他们沮丧的是，没过多久这支股票就跌到了每股 7 美元。于是，姐姐便抱怨巴菲特。后来这支股票慢慢回升到 40 美元，为了挽回损失，不让姐姐难过，巴菲特赶快卖掉了股票，但没想到这家公司的股票很快又上涨到了每股200美元。这件事让巴菲特感触颇深，为此，他给自己确定了两条终身不改的准则：一是设立目标必须要有充分的依据，经过严密的思考和精确的计算；二是目标一旦确立后，无论什么人或因素干扰，只要目标合理，绝不轻易放弃和改变，尤其是核心目标。

追求目标，必须坚定不移，勇往直前。不要以为单靠头脑敏锐、才华横溢就可以获得成功，所有成功的人都是因为他们有明确的目标、强烈的进取精神和必胜的信念。而孕育这种精神和信念的，正是远大的志向和抱负，这才是取得成功的关键点。巴菲特后来的成功，也正是取决于这一点。

真正的强者不会因环境的改变而改变自己的初衷，也不会因为困惑而放弃自己的理想。相反，他们都有愈挫愈勇的品质。

要取得职业上的进步，首先必须不断地自我审视，认清自己的品质与特长。合理的目标源于自知之明，而自知之明又源于自我检查和反省。有了追求目标的坚强意志，你周围的环境和条件都会随着目标的逐渐达成而变得渐入佳境。

目标是成功的必要条件，但并不充分，仅仅有个目标并不能万事大吉，还需要对自己有信心，有足够的能力以及切实可行的行动方案，对行动目标有清晰而正确的认知，不会因为外界的因素而改变或放弃自己的目标。

要实现远大的目标，还必须要从每一个小目标开始。在确定目标前要审慎，在追求目标的过程中要灵活。有效地排除外力的干扰，持续不断地实现一个个小的目标，才能渐渐逼近最终目标，实现最终目标，实现自己的理想。

03 发现你的长处

在这个人才济济、竞争激烈的时代，高学历、有文化已经不是什么优势，真正的优势是一个人独特的个性，这才是个人最大的竞争资本。

很多人认为，只要努力，就一定有好的成绩。其实不然，努力是必须的，但仅有努力并不能成就事业。也许对有些人来说，根本不知道天堂的门朝哪边开；有些人看到别人做什么事成功了，也去做同样的事，谁知却走进了地狱；对有些人来说，通往天堂的路只有一条，却不知自己有没有天堂的钥匙。

如同一场竞跑，表面上看，大家是一样的，都在同一条起跑线上，其实不然。当你决定参加比赛的时候，你已经输了，就是说你输在了起点上了。因为别人能跑到终点拿到奖品，而你却不能。因为别人找到了属于自己的金钥匙。

其实，每个人手里都有一把金钥匙，可以打开天堂之门，这把钥匙就是上帝放在每个人身上的——自己特有的长处。

长处自然就是你最大的优势和卖点所在。每个人的优势都包括先天形成与后天铸就的两个部分，现代测评技术帮你找到的往往就是先天形成的部分。

像美国的布里格斯性格类型指标，就是从“外向、内向”“感觉、直觉”“思维、情感”“判断、知觉”四种维度出发，并总结出了16种性格类型，每一种性格类型对应的维度之间都意味着个人的偏好是什么。比如一个人的注意力和能量多专注于外部的世界，即是外向型；看中想象力和信赖自己的灵感，即是直觉型；注重通过分析和衡量证据来做决定，即是思维型；喜欢以一种自由宽松的方式生活，即是知觉型。

当然，有关性格类型的分类还有很多种。但无论怎样划分，它给我们揭示的真谛只有一个，那就是每个人都是独一无二的，都有自己的特长。因此，你不必介意短处给你带来的烦恼，只要经营好你的长处，你的愿望就会实现。

至于后天形成的优势则包括了你在成长当中所积累的知识、技能、经验，甚至是你的人际关系，等等，这些优势也会成为你的长处并发挥作用。

虽然对长处的挖掘可以为你带来更大的增值效应，充分利用，可以事半功倍，收效甚好，但短处往往会使你功亏一篑。著名的“木桶理论”恰恰说明了这一点。木桶能盛多少水不是取决于桶壁有多高，而是取决于桶壁上最短的那块板的高度，所以扬长也要避短。了解自己短处的目的在于更清楚地认识自己，在努力创造优势效应的同时，规避短处可能给你带来的负面影响。

经营长处和规避短处实际上就是寻求机遇与避免威胁的过程，这就要求人们更加关注外部环境可能带来的影响，规避可能会对你的发展产生不利的潜在的风险，你才能得到更好的发展。机遇和风险不一定是宏观层面的东西，也可能是一些很具体的细节。例如，你目前在一家小公司做财务工作，你就会发现小公司的财务工作由于人员少，分工不明确，你可以方方面面都涉及，得到更全面的锻炼，这也是很多刚入社会的人首先选择去小公司的原因。通过这样一种分析，你就可能对自己及自身的工作状况有了更深入的了解，这对你做出下一步该怎样发展的决策会起到很好的推动作用。

了解到自己的长处，就成功了一半；知道自己擅长做什么，不擅长做什么，就可以扬长避短。这就是你手里的打开天堂之门的金钥匙。

04 低调做人，高调做事

法国哲学家罗西法古说：“如果你要得到仇人，就表现得比你的仇人优越吧；如果你要得到朋友，就要让你的朋友表现得比你优越。”“低调做人，高调做事”，实质上讲的是一种境界，一种精神状态。前辈经常讲“先做人，后做事，做人做好了附带着就把事做了”。职场中，这句话更有着不可估量的分量。

做人与做事是有学问的。做人的时候不提做事。你要是想先做成什么事情，必须先做人，让别人认可你这个人，你不说事，别人都会主动来问你来帮你。你要找某局长帮忙，这件事对他是举手之劳，但对你个人乃至公司却关系重大，你怎么办？送礼？不知道人家喜欢什么，爱好什么，怕送错了出问题。最直接的办法就是吃顿饭，这吃饭的讲究就更多了。你要找个档次高一点的饭店，别让人家觉得降低了自己的身份，要吃什么自己点，吃好了您想什么节目你来安排，要打麻将那你就输钱给他，要想娱乐奉陪到底，想要添置点东西一天内搞定。你是这么一个懂得做人的人，人家自然心知肚明，关键时候，你不开口，他也会主动帮你办事。相反，如果你和他吃饭的时候就主动把你的来意挑明："马局长，来，干了这杯，那件事就交给你了。"局长一想："这小子，太急功近利了，我可别栽到他手上！"谁还敢帮你做事呀。

当然，低调做人，高调做事，并不是说什么事情都退在后面，自己的利益被别人剥夺强占也不发任何声音，自己的人格被别人侮辱也不反抗，这不是低调，而是懦弱。低调做人，是不要太招摇，不要有点小本事就拿出来显摆，不要有事没事就往领导跟前凑，然后做出一副领导面前红人的模样，什么事情自己心中都要有数，要清楚，自己有本事慢慢拿出来用，在别人最需要的时候拿出来用，乐于帮助别人，为别人服务。你不帮助别人，等你需要帮助的时候就没有人来帮助你，你不为别人服务，不知道怎样得到你为其服务的人的认可，什么时候才会有人为你服务？

高调做事，并不是喊着口号扛着红旗让满世界的人都知道你要做什么，而是你对自己所做的事情要看得很透彻，把握其根源和关键，在自己有把握的时候以一种高觉悟、高起点、高境界、高水准、高素质、高速度、高效率、高质量、高修养、高目标的标准干事业。

路扬在原先的公司做技术工作做得很好，可是去年年底老板突然说要任职重组，过完年后职位都有大的变动，所以年底到新春的一段时间让大家有个心理准备，大家都要竞争上岗。路扬认为自己技术好又兼任人事工作，已经扮演了人事部门的重量级角色，会有自己的好位子的。

在公司招聘时，路扬担任全权主考官，不仅测试应聘者的技术能力，还以人力资源主管身份和应聘者面谈。那些日子，路扬很风光，觉得自己做人做事都达到了一个很好的状态，心里很惬意，他觉得接下来那个人事部经理的职位非自己莫属，心中有十分的把握。可是，没想到，最后结果，人事经理的位子却被另一个平时很沉闷、只管技术操作没什么招聘经验的人夺走了，而路扬却被调去从事原来的技术性工作。他很郁闷，突然心里空落落的，感觉自己白忙一场，又回到了原地。几天工夫，这种极大的落差就让他明白了很多道理。

路扬在职时候太锋芒毕露，本来应该将技术活作为己任，却因为兼职人事而本末倒置，将工作重心放到了人事上面，而忽略了自己的本分工作。而那个取代他的人，看似默默无闻，其实是在埋头苦干，提高自己的业务水平，同时他也没忘搞好人际关系，低调地树立自己在同事面前的良好形象，而不是像路扬那样以张扬的态度做着不是自己本职的工作，最终招来冷眼和排挤。

路扬因为太高姿态、太盲目自信，忽略了竞争对手的迎头急追，自己只知道表现，却没注意到别人正利用了他的弱点，赶上了他。所以，到头来被人当头一棒，有了这样的教训，路扬真正意识到，以后在职场上，应该懂得适度地低调做人。

“良贾深藏宝若虚，君子盛德貌若愚”，这句话的意思是：商人总是隐藏其宝物，君子品德高尚，而外貌却显得愚笨。所以需要展示自己时，一定要露一手，让别人记住你，对你刮目相看，但是必要时“藏其锋芒，收其锐气”，不可将自己的优势让人一览无余。

05 目标是成功的起点

古人云："取法乎上，仅得乎中；取法乎中，仅得其下。"意思是说有了高远的志向，在实现过程中纵有所失，还能得到不错的中等成果；如果志向本身就不远大，那么要想取得良好的成果，几乎是不可能的。

要想成为人中龙凤，心中必须存有高远之志。有了大志才有前进的动力和方向，才能向成功一步步靠近。"有志者，事竟成"说的就是这个道理。

有一年，英国的政客们发动政变，将王子关押在一个古堡里。为了从精神上摧垮王子，政变者给王子准备了最精美的食物、最漂亮的女人和最有趣的游戏。但是，王子都不为所动。经过长期关押，王子心如磐石。政变者为之折服，终于拥立他为国王。后来，有人问这位年轻的国王："为什么能在种种诱惑面前不动心？"他说："我生来就是当国王的。"

假如你觉得自己生来就是一个大人物，你就不会像小人物一样为了一点面子上蹿下跳，或者为了几个小钱不择手段，你会把精力集中到更有价值的事情上，免于空耗。

新东方创始人俞敏洪在给年轻学子们介绍成功经验时，说："一辈子的目标要定得高远，但每个阶段的目标要现实，要永远比周围的人做得好一点。"只要永远比周围的人做得好一点，就足以让你超群出众了！

在漫长的人生道路上，成功看似一个偶然事件，其实也是一种必然。一个人如果心无大志，也就等于选择了平庸。相反，一旦你确立了远大志向，并且坚守它，终生追求它，你就已经近乎伟大了。

想当年，司马迁就是因心存为后世留下一部史料巨作的大志，才忍受住了酷刑而进行创作，终成《史记》。倘其无此大志，受刑后他必将失去精神支柱和前进动力，那么世间就将少一位伟大的文人，少一部"史家之绝唱，无韵之《离骚》"。

陶渊明立志"不为五斗米折腰"，因而他挂印还家，寄情山水。从此世间少了一位昏官，多了一位伟大的田园诗人，成为后世敬仰的楷模。假如他无此大志，继续与他人同流合污，他的高洁品行和文采就只能埋没于铜臭中，而魏晋文学也必将失色不少。

但凡成大器者，在起步之初，不管是否有优越的条件，都无一例外地拥有高远之志。陈胜是个农民，年轻时却有“鸿鹄之志”；刘邦是个小吏，当他看见秦始皇的威严时，就有了一个“疯狂”的想法：“大丈夫当如是也！”刘备是个小贩，年轻时就立志“上报国家，下安黎庶”；周恩来是个穷学生，却发誓“为中华之崛起而读书”；法国皇帝拿破仑是个调皮学生，成绩一塌糊涂，他却说：“我具有出色的军事家的素质，权利就是我要得到的东西！”这些人并非个个天赋异禀，他们的背景、学历和运气也不一定比普通人好，他们的人生起飞，在很大程度上与树立了远大的志向和目标有关系。

高尔基说：“目标越高远，人的进步越大。”在你的日常生活中，也许你会有这样的体会：如果你确定只走一千米路的目标，在不到一千米时，你便有可能感觉到累而放松自己，因为反正快到目标了。但是，如果你的目标是要走十千米路，你便会做好思想准备及其他一切必要的准备，并调动各方面的潜在力量，一鼓作气走完七八千米后，才可能会稍微放松一下。可见，如果设定了一个远大的目标，你就可以发挥更大的潜能。

成功学大师卡耐基讲过一句话：目标是成功的起点，是成功者的指南针！人生奋斗的第一步无疑是为自己找到一个明确的目标。目标是一种目的、一种意向，是一个引导着你不断前进、不断奋斗的明灯，目标不是模糊的意念“我希望我能”，而是清晰的信念“我要那么做，我一定能！”明确目标的人，就能勇往直前；没有目标的人，就好像水上的浮萍，东飘西荡，不知何去何从。只有设定目标，你才能有的放矢，你才会把力量集中到一点，你才会成功。

06 拥有快乐的人生

阿伯拉罕·林肯说："只要心里想快乐，绝大部分人都能如愿以偿。"一个人只有时刻保持幸福快乐的感觉，才能使自己更加珍惜热爱生命、热爱生活。只有快乐、愉快的心情，才是创造力和人生动力的源泉；只有不断自己创造快乐，与自己快乐相处的人，才能远离痛苦与烦恼，才能拥有快乐的人生。

心理学家 M. N. 加贝尔博士说："快乐纯粹是内在的，它不是由于客体，而是由于观念、思想和态度而产生的。不论环境如何，个人的生活能够发展和指导这些观念、思想和态度。"

你不一定非要回报他人而不拿自己的快乐当回事。如果你给别人快乐就意味着你一定不快乐，那么与其让你自己事后忍受巨大的痛苦，不如让别人现在就受一点痛苦。人们应该学会爱自己，让自己过得简单快乐。

忧愁是生活中常见的一种最消极且没有一点好处的情绪。忧愁只能让你精神萎靡，身体健康受损。

当你忧愁时，你会利用现在宝贵的时间，去担心自己的事，去担心别人的事。但担心归担心，对问题的解决却没有一点帮助。

烦恼会光顾那些烦躁不安、焦虑不已、总不满足的人们，这样，他们当然与所有的幸福无缘，心态也难以乐观豁达。有些人身上就好像长满了刺，没有人愿意接近他们。他们不能很好地控制自己的脾气，为一点小事就耿耿于怀、寸土不让，甚至最终引发暴力冲突。对他们来说，生活充满矛盾，幸福和快乐也最终会被担忧和恐怖代替。

理查德·夏普说：“虽然只是些不值得一提的小问题，但这无形的烦恼却会带来很大的痛苦，就好比细细的一根头发就能破坏一部大型机器的正常运转一样，如果你想快乐，就不要让一些琐碎之事来影响自己的心情。要试着学会愉快地处理日常生活中的一些小麻烦，有意识地主动去寻找生活中的乐趣，时间久了，自然会拥有好心情。”

有一次，很多兔子聚集在一起为自己的胆小无能而难过，悲叹自己的生活中充满着的危险和恐惧——常常被人、狗、鹰等屠杀。

兔子们觉得，与其这样一生胆战心惊，还不如一死了之。于是兔子们决定一齐奔向池塘，投水自尽。当时，许多青蛙正围在池塘边蹲着，听到了那急促的跑步声后，纷纷跳下池塘。

有一只较聪明的兔子，见到青蛙都跳到水中，似乎明白了什么，忙说：“朋友们，快停下，我们没有必要吓得去寻死了！你们看，这里还有些比我们更胆小的动物呢！”

人们对于快乐的追求是永无止境的，但快乐就像一碗盐水，你喝得越多就越饥渴，所以聪明的人会懂得适可而止的道理。

田鼠与家鼠是好朋友，家鼠应田鼠之约，去乡下赴宴。

家鼠一边吃着大麦、谷子，一边对田鼠说：“朋友，你过的是蚂蚁般的生活，我那里有很多好东西，去与我一起享受吧！”

田鼠跟随家鼠来到城里，家鼠给田鼠看豆子、谷子、红枣、干酪、蜂蜜、果子。田鼠看得目瞪口呆，大为惊讶，称赞不已，并开始悲叹自己的命运。

它们正要开始吃，有人打开门，胆小的家鼠一听声响，赶紧钻进了鼠洞。当家鼠再想拿干酪时，有人又进屋里拿东西，家鼠立刻又钻回了洞里。

这时，田鼠战战兢兢地对家鼠说："朋友，再见吧！你自己尽情地去吃吧！我不愿意担惊受怕地享受这些大麦、谷子，还是平平安安地去过你看不起的普通生活好。"

有一年，拿破仑·希尔碰到一个在纽约市中心一家办公大楼里开电梯的人。希尔注意到他的左手齐腕断了。希尔问他少了那只手会不会觉得难过，那个司机说："不会，我根本就不去想它。只有在要穿针的时候，才会想起这件事情来。"

形体上有残疾的人，开始总为自己不健全的形体而痛苦。如果获得了正常的生活，这些痛苦就会渐渐淡忘。如果他有了明澈的思想，看透了世界与人生，他就会把别人向他投来的异样的眼光不放在心上。

人的情感就是这样，总是希望有所得，以为拥有的东西越多，自己就会越快乐。所以，这人之常情就迫使我们沿着追寻获得的路走下去，直到有一天，我们忽然惊觉，我们的忧郁、无聊、困惑、无奈及一切不快乐，都和我们的欲望有关，我们之所以不快乐，是我们渴望拥有的东西太多了。

在生活中，我们时刻都在取与舍中选择，我们总是渴望着索取，渴望着占有，而常常忽略了舍，忽略了占有的反面——放弃。懂得了放弃的真意，也就理解了"失之东隅，收之桑榆"的妙谛。多一点中和的思想，静观万物，体会与世一样博大的诗意，适当地有所放弃，这才是我们获得内心平衡，获得快乐的好方法。

第四章
成功的选择在自己

人生总是面临着无数的选择，怎样选择完全取决于我们自己。有的人透过小小的窗子，看到外面漆黑一片，有的人却看到天上点点闪光的星星。我们要成为什么样的人，就看我们怎么选择。选择做最好的自己吧，你会看到满天的繁星！

01 方向是成功的基石

有两只蚂蚁想翻越一堵墙，寻找墙那头的食物。一只蚂蚁来到墙脚就毫不犹豫地向上爬去，可是每当它爬到大半时，就会由于劳累和疲倦而跌落下来。但它并不气馁，一次次跌下来，又迅速地调整自己，重新开始向上爬去。

而另一只蚂蚁则是先观察了一下周围环境，然后从不远处的地方绕过墙去。很快地，这只蚂蚁绕过墙找到了食物，开始享受起来，而另外一只还在不停地跌落下去又重新开始。

作为一个职场中人，看到周围的朋友都在自主创业，你也想自己创业。但你一直顾虑——目前的工作还算不错，待遇比较高，老板也很器重你。现在辞职出去创业，一旦创业失败，很可能落个竹篮打水一场空。因此，你会很犹豫，不知自己该怎么办。

鱼和熊掌不可兼得。你必须认准自己的方向和目标，做出正确的判断和选择。这样，你才能在人生道路上一路走好，活得精彩。

当然要放弃也许会有些不舍，但要知道，今天的放弃是为了明天的得到，该放弃时必须大胆地放弃。

李萌从她工作了10年的广告公司辞职了，同事和朋友都为她惋惜。李萌是公司的市场总监，月薪1万元；更重要的是，她一直是老板格外倚重的人。问她此去何以为生，她的回答好似玩笑：什么也不做，回家享清福，相夫教子。当然才女李萌最终也没有那样做——她还是单身。她成立了一个大自然工作室，除了为慕名而来的顾客做一点设计、摄影或撰稿，她更多的时间则用来去照料那些被遗弃的小动物。简朴的生活也很不错，她很满足这种自由职业，既不耽误赚钱，又自由自在，更不会遭人误解。

李萌的感叹是：从前以为自己需要的是那么多，月薪1万元还感觉像穷人；现在发现自己需要的是那么少，所赚不多，却天天心情愉快。

李萌这样做其实是有榜样的。她少时的闺友也辞职做自由职业去了。每年，她替出版商写两部稿子，或做些广告策划、摄影之类的工作，赚了钱就立刻买火车票周游世界……李萌问她为何不等到退休后再归隐。她的话令李萌沉思良久：不是每个人都能健康地活到退休。就算你退休后还有余力周游世界，你的心境，你看到的世态人情也与年轻时不一样了。李萌终于明白，一个人重要的不是赚多少钱或拥有多大的权力，而是找到自己想要的生活。

没过多久，李萌的老板来看望她——其实是来请她回去，因为他打听到李萌现在的情况，料想李萌肯定会后悔当初的决定，而公司又非常需要她。李萌用简朴而自然的方式招待了过去的老板，其间的表现比在公司时还快乐。老板明白了，现在的李萌即使让她去做 CEO 她也不可能答应了。

选择有时是很痛苦的，哲学家萨特甚至把选择喻为被判了一种“徒刑”。然而无论多么痛苦，你也必须做出选择。关键是要弄明白自己究竟想要什么，值不值得为了一棵小树而放弃整片森林。

一个人要想获得成功，要想拥有一个美丽的人生，首先应该认清自己的人生方向和目标，做出正确的选择，勇敢地放弃，寻找适合自我生存和发展的空间。

在人生的竞赛场上，没有确立明确目标的人，是不容易得到成功的。许多人并不乏信心、能力、智力，只是没有确立目标或没有选准目标，所以没有走上成功的途径。如果你想更快走上成功之路，出人头地，那么你选定明确的目标，给成功一个方向。

02 可以平凡，不能平庸

曾经有一个时代，人们都在追求伟大，都向往着做出一番不平凡的事业。当激情过后，人们才渐渐明白，其实，绝大多数人的一生都是平凡的。所谓的不平凡，那只是少数人的理想。

人可以平凡，但不能平庸，这是绝大多数人追求的境界。大千世界，芸芸众生，除了极少数精英人物外，我们绝大多数人都是凡人，是极普通、极平凡的小人物。岗位平凡，角色普通，生活平凡。

职场中人，追求的应该是在平凡的岗位上，发挥自己最大的能力，做出最大的贡献。他不一定要做出惊天动地的伟业来，但要做出不凡的业绩，成为本行业的行家里手，成为某方面的专家。平凡人也可以干出不平凡的事业。

平庸则是说一个人碌碌无为、行尸走肉、醉生梦死、平淡而庸俗。所以说，人不能平庸。人生的态度不同，结果也不一样。有的人天生不想进取，碌碌无为地过了一辈子，有的人几经挣扎最后落得平庸的境地。许多人开始都想努力奋斗一番，有的人年轻的时候可能雄心万丈，但遇到一些挫折后就心灰意冷，精神萎靡，意志消沉了。从平凡到平庸不到半步之遥，稍有不懈，平凡下滑，平庸就无法避免。人生如逆水行舟，不进则退。

当然，不同的人对于平凡与平庸的理解也不同。

有这样一个故事：一个富人坐在海边一个小渔村的码头上，看着一个穷人划着一艘小船靠岸。小船上有好几尾大黄鳍鲔鱼，富人对穷人抓了这么多的鱼恭维了一番，问他要多长时间才能抓这么多。

穷人说，不到一会儿工夫就抓到了。富人再问，你为什么不多待一会儿，好多抓一些鱼？

穷人不以为然："这些鱼已经足够我一家人生活所需啦！"

富人又问："那么，你一天剩下那么多的时间都在干什么？"

穷人解释："我呀，我每天睡到自然醒，出海抓几条鱼，回来后跟孩子们玩一玩，再睡个午觉，黄昏时晃到村里喝点小酒，跟哥儿们聊聊天，我的日子过得充实又忙碌呢！"

富人以为穷人的日子过得太平庸了。他说："我是一个有钱人，我倒是可以帮你忙！你应该每天多花一些时间去抓鱼，把抓到的鱼卖了，到时候你就有钱去买条大一点的船。自然你就可以抓更多鱼，再买更多渔船。然后你就可以拥有一个渔船队。到时候你就不必把鱼卖给贩子，而是直接卖给加工厂。然后你可以自己开一家罐头工厂，如此你就可以控制整个生产、加工处理和行销。然后你可以离开这个小渔村，搬到大城镇里去，在那里经营你不断扩充的事业。”

穷人问：“这要花多少时间呢？”

富人回答：“十五到二十年。”

“然后呢？”

富人大笑着说：“然后你就可以在家当皇帝啦！时机一到，你就可以发大财了！你可以几亿几亿地赚！你就是个不平凡的人啦！”

“然后呢？”穷人问。

富人说：“到那时候你就可以退休啦！你可以搬到海边的小渔村去住。每天睡到自然醒，出海随便抓几条鱼，跟孩子们玩一玩，再睡个午觉，黄昏时，晃到村子里喝点小酒，跟哥儿们聊聊天。”穷人困惑地说：“我现在不就是这样了吗？”

富人叹息一声，心想：“穷人之所以穷，就是因为他们甘于平庸啊！”

平凡与平庸往往就在一念之间。凡事都要尽自己最大努力去做，但凡事又不能期望太高。这就要有一颗平常心，用平常心看待得失与成败，才能使自己处之泰然。俗话说，货比货得扔，人比人得死。有的人机缘不同，环境不同，同样的付出可能结果不一样，这样越比越气，越想越不舒服，就可能自怨自艾，自暴自弃。

因此，做人可以平凡，却不能平庸，这句话落实到职场上是再实在不过了。你是平凡还是平庸之辈，会关系到你的进退升降。

王小姐是某公司的行政助理，公司里大事小情都由她主理，在公司里人缘很好，主管对她的工作也满意。后来，主管另有高就，王小姐一心以为主管这个空缺非己莫属了。可是，两个星期过去了，一点动静也没有，王小姐心焦如焚，忙向其他同事打听，得到的消息是：公司已聘用一位新同事出任主管职位，而此人还在一家较小规模的公司里工作，学历也不比王小姐高。王小姐心里不服，就去找人事主管理论。人事主管意味深长地说：“即将调来的行政主管更有进取精神。”言外之意就是：您呀，太平庸了！

可不是嘛，看看王小姐，在公司里，谁找她做什么都行，从来没拒绝过谁，别人想用个纸杯她都给送到手上，她一天到晚比谁都忙。她获得了“平易近人”的美誉，但领导对她的评价是：没性格。还有，她从来对上司的意见没提出过异议，个人形象也不注意。而老板在找主管时，考虑的只能是那些具有开拓性，有魅力的人，怎么会考虑这等“平庸”之辈呢。

职场竞争是残酷的。要想在职场里有一番作为，必须以平凡人的心态去做事，千万不可给人平庸的印象。这需要一个人一生修炼，我们可以选择平凡，但要拒绝平庸。

03 面对难办的任务，要明智地选择

面对新的工作，你可能很想接受，从而得到一个表现自己的机会。但同时也害怕如果办不成，就会在同事中抬不起头，也会被主管看扁。面对这样的情

况，到底该怎么办？

当然是仔细分析，沉着应对。主管把工作交到你面前的时候，最忌想也不想就揽在自己身上。这种为了表现自己而盲目受命的做法最容易带来不好的结果而影响自己的职场生涯。

布内尔是美国一家出版公司的编辑。由于大学刚毕业，工作时间不长，他对上司交代的工作任务都干得非常卖力，以求能够消除上司眼中新人能力不足的看法。

有一次，上司问他能否在一个月内组织编辑一本少儿教育方面的书。布内尔心想：这件事虽然有难度，但如果我真的在一个月内编辑出来的话，上司一定对我刮目相看。于是他爽快地答应了，并开始着手工作。由于经验不足，他干起来效率很低。但为了赶时间，在整本书的结构框架还没理顺的情况下，就草率地组稿，排版，付印。结果可想而知，公司受到了很大损失，布内尔也受到了处分。

可见，面对临时性的工作指派，要仔细审度，再估量自己的实力，量力而行。如果觉得自己完成不了，要大胆地同主管交流，并且说明自己对这项任务的见解，以及在哪些方面存在困难，明确表明自己不能接受的原因。这样主管往往还会觉得你诚实可信，能够知己知事，进退自如。

当然，如果在尽自己最大努力的情况下可以把事情办好，那么还是接受为妙。因为平常固定流程的工作没有什么表现的价值，只有在临时受命时完成任务才能显示出自己的能力。

临时受命是机会也是挑战，如果你接受了临时任务，那么你就获得了一次表现自我的机会，也迎来了一场面对困难的挑战。不过在你权衡了利弊后，你应该有很大的胜算，只要努力就很可能受到主管的青睐。

更重要的是，对于每一位主管而言，发生临时受命的事情是一件相当头痛的事，因为面对一些突发状况，大家都没有心理准备。如果这时你仗义相助，主管定会油然而生感激之心，利用这个机会也会在无形中建立起你们之间的友谊。虽然你可能不会势利地认可这样的好处，但是广结善缘也未尝不是一件好事。

叶丹在销售部任职三年了，却一直得不到升迁，因为孙雅的表现一直为主管所赏识，她根本就没有表现的机会。确实，孙雅不仅人长得漂亮，气质又好，还会说一口流利的英文，国外的几个大客户只有她搞得定。

叶丹虽然自认为能力也不差，有一张很具亲和力的笑脸，头脑反应也特别敏捷，但是三年来一直同国内的一些小客户打交道，根本就表现不出好的业绩。这天晚上，刚好国外有一个大客户要来洽谈，而孙雅又生病了，主管急得像热锅上的蚂蚁，这么多销售员竟没有一个敢去。

叶丹觉得这是一个表现自己的好机会，张嘴想说几句英文，可是好久不练早已生疏了。叶丹想起来还有一个同学芳可以帮忙，虽然有点困难，但凭着自己的机智应该能够应付得了。于是她主动向主管表明自己能承担这次任务，主管高兴地握着她的手，祝她成功。

在洽谈时，芳做翻译，帮着叶丹和客户进行沟通。叶丹察言观色，得知客户的公司正货源紧缺，于是提价三成，客户没办法只好答应。叶丹又说看在是老客户的面子上，只提价两成，客户感激不已，她为公司多赚了 500 万元。主管知道了她的能力以后，也对她器重有加。

面对主管的临时任务，不要因为有点难度，就躲躲闪闪，也不要因为贪功，就盲目接受。只有正确地估量自己的能力，分析事情的难办之处，才能做出明智的选择。

一旦接受了任务，就应该全力以赴地去完成，好好地把握每一次机会。

04 不必过于看重薪水和职位

工作是为了生活，但工作又绝不仅仅是为了生活，在满足生活所需之后，工作还应该有更高的目标。一个人工作的根本目的不应该是为了薪水，人应该是为了追求更高的个人价值——自我实现。当一个人只把工作当作赚取生活费的途径时，他就限制了自己未来的发展，拒绝了美好的生活。

风云变幻的现代职场，许多事情就是让人莫名其妙，百思不得其解。比如你好不容易坐上了主管的宝座，却突然间又被降了职，而且你还找不到原因。业绩没有不佳，人际关系也没有不好，错误也没有过，究竟为什么？问老板，他说这是董事会的决定。你无可奈何，又是羞辱又是悲观地看着前面的路，到底该怎么办？

一般情况下，公司不会无缘无故地降你的职。只不过这些原因一时之间，让人猜不透，你还无法体会出来罢了。或者是你无意中得罪了哪一位高层主管而自己却不知道，或者是受了别人的排挤还蒙在鼓里，又或者是为了委以重任而让你下去更好地锻炼一下，还有可能是公司想给你一个重新学习的机会。当然，也有可能是你确实没有什么过错，老板只是考虑那个接替你的人虽然能力与你不相上下，却身负对公司有价值的其他资源，如那个人的亲戚在证监会工作，而公司正在运作股票上市的事情，这个人除了你所在的岗位，没有更适合他的。这种情况对你可能有些不公，但对公司却是一笔合算的交易。

如果抛开其他问题不谈，单从公司利益角度看，你能做好、另一个人也能做好的岗位，公司有权做出自己的选择。千万不要气急败坏地以为老板非常愚蠢，简直不可理喻。然后意气用事，一拍屁股走人，或者就此沉沦，得过且过。但如果你确实有错误，降职是应该的，你可以好好反省自己。如果不是自己的错，那么老板出于无奈这样做，一定会在适当的时机给你个解释或另外考虑职位给你。千万不要置一个可以很好地提高自己的机会于不顾，而让自己的老板寒心。作为老板，没有必要和你过不去，他比你更精明，用谁不用谁，他有自己的平衡尺度，你要多从他的角度看问题。

李先生和刘先生几乎同时到一家公司上班。三年后，李先生升任销售部经理，而刘先生升任安全部经理。又勤勤恳恳工作了三年，两人业绩卓著，本以为不久会晋升，却不料传下指示，让李先生和刘先生分别到工厂做车间主任。李先生听到这个信息后大惑不解：自己是总部的部门经理，现在却要去基层搞生产管理，岂不是降了职？自己没犯什么错误啊？李先生从此意气消沉，觉得自己这几年的努力都白费了。来到车间之后，他再也不拼命工作了，什么事都简单应付了事，该自己做的也交给别人。可是年底时，他突然听到一个惊天动地的消息：刘先生被调回总部荣升公司副总经理。李先生这时才知道公司这样做是想让他们更熟悉基层情况，以便担当重任。刘先生自从到车间后，就深入基层，虚心求教，不断学习管理方面的知识，多方了解市场行情，而且对材料的采购也有新的思路，回总部报告情况时，他的报告资料详尽，提出的新见解还让公司降低了成本。

不管公司出于什么目的而降你的职，只要你被降职了，就意味着你能力不够，需要学习。你应该把它当作一所训练自己的学校，更加发愤图强，做出出色的表现。只有再次提升自我，才能够胜任以后将要担任的职务。

琼大学毕业后来到一家杂志社当编辑，两年之后已经是编辑部的骨干了。这时杂志社业务逐渐扩大，发行人手欠缺，老板要调两个编辑去搞发行，可谁也不愿去，因为编辑轻松，而且待遇又高，发行是个苦差事。琼却自告奋勇去了。琼毫无怨言，每天负责对外联系，开拓市场，甚至还做些最基本的工作。慢慢地，他为社里建立起一个很好的发行网络。后来，社里的业务渐渐扩大，生意格外红火，人员也多了不少，准备提升一个副社长。老板首先想到的就是琼。

能力比金钱重要得多，它不会遗失也不会被偷，它可以帮你创造出无限的价值。但没有人一开始就能拿到很高的薪水。你必须在工作的过程中去学习并提高自己的能力，当你的工作能力得到明显的提高以后，它就能帮你拿到更高的薪水，得到更高的职位。

薪水和职位是重要的，但不是最重要的，它只是我们工作中的回报之一，而不是全部。

05 当一扇门关掉时，就打开另一扇

世事无常，幸运不可能永远围绕着你，如果不幸在你的生活中发生了，那么，只能去面对它，凡是能减少受害程度的尽力想法去减少，能补救的尽量想法去补救，能克服的尽力想法去克服。总之，要以镇静自若的态度去经受不幸和打击，免于心理与行为失常。

蒂娜是一家公司杰出的经理人。作为元老，她是一位精力充沛的工作狂，凭着杰出的业绩赢得了董事会和员工的信赖。然而近来，由于市场竞争加剧，产品又缺乏创新，公司业绩开始不断下滑。尽管公司董事会很欣赏蒂娜，但蒂

娜也无力挽救局势。董事会认为公司的经营方向应做一个彻底的转变：既然国内不行，就将生产移到海外。蒂娜反对这一战略转移，请求采取创新产品的战略，但没有得到批准。蒂娜坚持自己的意见。这样一来，公司为了使新的战略尽快实施，董事会一致同意解雇蒂娜，由一名新的 CEO 取而代之。

理论上，蒂娜明白其中的游戏规则。但是，这种事一旦真正轮到自己头上时，蒂娜却认为她丢掉的不仅仅是工作和收入，还失去了很多更有价值的东西，她担心会有很多与她同甘共苦的同事因此而失业。而事实上，她的那些所谓死党现在对她是躲避还怕来不及，他们害怕与蒂娜保持联系会招来无端猜忌，引火烧身，蒂娜实在是有点自作多情了。

由于无法掩饰的消沉与痛苦，蒂娜失去了平衡，也失去了市场。很多人认为她没能正确处理好与公司的关系，尤其是对被解雇这一本可预知的事件并未做出恰当的反应。而杰克却是另一种姿态。他是一家公司的财务总监，因工作能力表现出色而赢得了股东们的信任。但由于整体经济状况的恶化，他对公司市场份额下降这一现象无能为力。公司将被卖掉时，他对被解雇和微薄的离职赔偿毫无怨言，安静地离开了公司。杰克相信，凭自己出色的能力和良好的口碑，他应该很容易再获得一个更好的职位。

条条大路通罗马，又何必在一棵树上吊死？当一扇门关掉时，不要忘记，还有数不清的门敞开着。

当你意识到被炒不可避免，就应该未雨绸缪，正确地与公司分手。奋起回击或黯然神伤都无济于事。毫无疑问，能够做到有备无患才是最为可取的。

当你被解雇时，首先让自己冷静下来。克制自己，不要信口说出自己脑子里闪过的不良念头。尽量什么都别说，既不要给同事打电话，也不要约请哪一位谈话。在离职合同正式签署前，要保持沉默。最好什么也不做，等待一个好的结局。还有一点也很重要，不要让你的家人散布关于你和公司的什么内幕消息，这对你非常不利。

当然，这只是短期的应急措施。同时，你还应该积极准备，去打开另一扇门。

积极的办法是先发制人，炒掉你的公司。以退为进，尽快递交辞呈，提出辞职，争取主动。这样，通过主动发起谈判，你就把握了先机，否则就会陷入“人为刀俎，我为鱼肉”的尴尬境地。尽管这样做有点困难的，但却非常必要。它是你最好的保护伞，既能使你避免解雇时的伤害，更能使你获得一个好名声。在打开另一扇门的时候，它还可以证明你是主动从原来那扇门走出的，而不是被赶出的。

同时你还应该启动你的关系网络，或向猎头公司发出信号，这是必做之事。不要等到失去了工作再开始找，那样你的损失就大了。

06 建立自己的人脉网络

人脉，就是我们通常所说的人际关系。一个人与他的人际关系网的关系就像是鱼和水，一条鱼想要健康成长就离不开水。一个人离开自己的人际关系网会失去很多成长和发展的机会，让自己的理想失去成长的沃土。人是社会性的动物在这个强调合作的时代，在这个人与人之间的交往日益频繁的时代，一个人如果没有良好的人际交往能力，就很难在社会中立足。

哈佛大学为了解人际交往能力对一个人的成就所扮演的角色，曾经对贝尔实验室顶尖研究员做过调查。他们发现，被大家认同的专业人才，专业能力往往不是重点，关键在于“顶尖人才会采用不同的人际策略。他们会多花时间与那些在关键时刻可能对自己有帮助的人培养良好的关系，在面临问题或危机时以便容易化险为夷”。

中国有句古话叫“一个篱笆三个桩，一个好汉三个帮”，而现在更有“人脉决定财脉”的说法。这都充分体现了人脉或人际关系对一个人的影响。

在台湾证券投资界，提起杨耀宇，可谓无人不知，无人不晓，他将人脉竞争力发挥到了极致。他曾是统一集团的副总，后来退出统一集团，为朋友担任财务顾问，并兼任 5 家电子公司的董事。根据推算，他的身价应该有近亿元台币。为什么曾是一个不起眼的乡下小孩的他到台北打拼能快速积累起这么多财富呢？杨耀宇自己解释说：“有时候，一个电话抵得上十份研究报告。我的人脉网络遍及各领域，上千万条，数也数不清。”

而如果不注意自己的人际关系，造成的结果则可能很惨。

林雅是一所著名高校的高材生，大学毕业后很快就被一家在业界很有名的公司录用了。进入公司后，她始终认为只要自己努力工作，展现出超人的工作能力，就一定能做出一番事业，获得重用并步步高升。可是一年过去了，林雅虽表现出了出色的工作能力，但薪酬却没增加多少，也不比那些表现一般的同事高，职位也没有得到晋升。林雅很不服气，工作起来更加努力了。她认为总有一天上司会看到她的能力与才华，成功之日也离她不远了。但是，又一年过去了，林雅还是在原地停留。而与她同时进公司的同事早已经是独当一面的主管了，薪水也比她高出许多。林雅终于忍不住向公司里唯一与她要好的同事抱怨自己怀才不遇。然而，同事却很直接地告诉她一个令她感到震惊的原因，就是她虽然工作非常出色，但与同事的关系没处理好，所以一直没有受到重用。

很多人只知道比尔·盖茨能成为今天的世界首富是因为他掌握了世界的大趋势，还有他在电脑方面的智慧和执着。其实比尔·盖茨之所以成功，除这些原因之外，还有一个更重要的关键因素就是他的人脉资源相当丰富。

微软公司创立的时候，比尔·盖茨还只是一个无名小卒，但是他在20岁的时候，签到了一份大单。假如把营销比喻成钓鱼的话，是钓大鲸鱼，还是钓小鱼比较好呢？回答肯定是大鲸鱼。因为钓到一条大鲸鱼可以吃一年，而钓小鱼的话得天天去钓。比尔·盖茨在25年前创业的时候，他就明白了这一点，从一开始他就钓了一条大鲸鱼。

比尔·盖茨20岁时签到的这份合约是跟当时全世界第一强电脑公司——IBM签的。当时，比尔·盖茨还是位在大学读书的学生，没有太多的人脉资源。他如何能钓到这么大的“鲸鱼”呢？原来，比尔·盖茨之所以可以签到这份合约，其实有一个中介人——比尔·盖茨的母亲。比尔·盖茨的母亲是IBM的董事会董事，她介绍儿子认识董事长，这是很理所当然的事情。假如当初比尔·盖茨没有签到IBM的这个单，他后来的发展会是怎样呢？

比尔·盖茨说：“在我的事业中，我不得不说我最好的经营决策是必须挑选人才，拥有一个完全信任的人，一个可以委以重任的人，一个为你分担忧愁的人。”

既然人脉网络这么重要，那么如何有效建立自己的关系网络呢？

1. 要织一张好的关系网，先得筛选。把与自己的生活范围有直接和间接关系的人记在一个本子上，把没有什么关系的记在另一个本子上。然后再在这些有关系的人中选择你认为对自己有帮助的人，建立一张关系网。当然，被你淘汰的那些人仍然是朋友，只是你不必浪费宝贵的时间去维系这种老关系。

2. 分析自己认识的人，列出哪些人是最重要的，哪些人是比较重要的，哪些人是次要的，要根据自己的需要来定。这样，你就会清楚哪些关系需要重点维护，哪些只需要保持一般联系，进而决定自己的交际策略。

3. 对关系进行分类。生活中一时遇到困难，需要求助于人的事情经常发生，你需要不同方面的帮助，不可能只从某一方面获得。这样，你的人际关系网络就建立起来了。

“关系”就像一把刀，常磨才不会生锈。若是半年以上不联系，你就可能失去这位朋友了。所以一定要与朋友保持联络，不要等到有麻烦时才想到别人。

上班族在职位晋升的过程中，往往可以妥善地利用人际关系达到个人目标。而你的人际网络应该是一种有组织的联络，彼此经常互换信心、接触、建议和支持。

美国前总统克林顿在这方面就做得很好，当纽约时报记者问他是如何保持他的政治关系时，他回答说：“每天晚上睡觉前，我会在一张卡片上列出我当天联系过的每一个人，并注明重要细节、时间、会晤地点以及与此相关的一些信息，然后输入秘书为我建立的关系网数据库中。这些年来，朋友们帮了我不少忙。”

现代人生活非常忙碌，很多人都有忽视“感情投资”的毛病。“感情投资”应该是经常性的，从生意场到日常交往，都应该处处留心，善待每一个人，从小处着眼，时时落在实处。“进行感情投资”，最好的方式就是创造性地运用你的日程表，记下那些对你的关系至关重要的日子，比如生日或结婚纪念日。在这些特别的日子里，哪怕只给他们打个电话，他们也会高兴万分，因为他们知道你心中一直想着他们。

人脉是一种作用巨大的资源。在好莱坞就流行这样一句话：“一个人能否成功，不在于你知道什么，而是在于你认识谁。”当然，这句话并不是叫人不要培养专业知识，而是强调“人脉是一个人通往财富、成功的入场券”。人脉可以让你从巨人肩头起步，对于任何人来说，一旦掌握了人脉资源，必定能够事半功倍！

07 拥有良好的礼仪

礼仪是人们在社会交往中最基本的要素之一，它体现了一个人的修养品位，是人格魅力的重要方面。

美国哈佛大学专门给学生开设了“礼节”一课，详细地讲礼节的重要性。在现代社会中，好的“礼节”教育是打开人际关系的通行证，如果你每时每刻都注意彬彬有礼，那你在人际关系中一定会成功。

一位日本商人来中国跟某丝绸公司洽谈业务，眼看双方都要签订协议了，一次见面之后，日商居然立刻走了，生意也泡汤了。中方负责人十分不解，千方百计托人打听，原因竟然是当天公关小姐穿的一双破了的袜子；日商振振有词地说，一则袜子破了表示不尊重客人，仪表都不注意，说明没有诚意；二则中方是一个丝绸公司，此类事件对专业形象实在是一大损害；三则若小姐是无意，至少说明公司作风不严谨。

日商虽然有些苛刻，但仔细想想，他说的话也颇有道理。一个人的仪表礼节表明了他的修养身份，一个公司的重要职员礼仪如何，则代表了公司的礼仪与气度。

礼仪包括的范围极其广泛，从着装搭配到微笑待人，从尊称他人到迎来送往，从言谈举止到心理深层，几乎与人际交往的每一个细节都相关。礼仪适当，可使人如沐春风、其乐融融；可化干戈为玉帛，化腐朽为神奇；可在人与人之间搭建金色的桥梁，让人们相互理解，彼此帮助。

日本一家公司曾经想收购一片土地用来扩大营业，可惜那片土地属于一个寡居多年的老太太，是她丈夫的遗产，因此，无论是公司董事长还是地方政府出面，老太太都没有答应。有一天，下着大雨，老太太怒气冲冲地走进公司大楼，准备警告总经理别再派人去烦她。此时，公司的一名下级职员看见老太太湿淋淋的，立刻为她拿来一双拖鞋换上，递给她干毛巾擦头发，又端来一杯热茶给老太太喝，同时，站在旁边陪老太太说话。老太太问："你知道我是谁？知道我来干什么吗？"那职员回答说："不管您是谁，也不管您要做什么，既然您走进这个大厅，我就应该这样为您服务。"

老太太没有说话，思考了一会儿，然后走进了总经理办公室，对他说："我改变了主意，但不是因为您，而是因为您公司的那位员工。她待一个陌生人如

此好，相信有这样员工的公司定会大展宏图，所以，我愿意把地卖给你们。但是，我有一个要求，今天大堂的那位员工，你必须提升她。”

总经理当然照办了。那位下级员工做梦也没有想到会有这等好事，但事实上礼仪为她带来了一个发展的机会。

现代社会中，人与人之间的交际活动日益频繁，一般人总是以貌取人，并且对他们所看到的深信不疑。很多情况下，人们会依据这些来决定自己的下一步行动。

注意礼节，尤其要注意那些小礼节。小礼节往往是人际关系中最具有弹性的因素，它可以瞬间使你处于格外顺利的环境中，也可以在眨眼之间令你处在难堪境地。

交际中的礼节要注意从小处着眼，抓住细节，微笑、轻声、出入顺序、座位次序等，在社会活动中半点都不能马虎，否则往往是“千里之堤，溃于蚁穴”，因小失大。

例如，当你与自己的上司恰好在公司走廊里碰到了，你如果向他问一声好，上司肯定会格外高兴。假如你由于某种原因心情正不好时，就低着头与上司擦肩而过了，他最直接的想法就是难道这名职员对我有什么不满意吗？如果这种情况连续发生几次，后果是可想而知的。

所以，要格外注意那些小礼节，千万不能因为小而忽视它。

本田汽车公司的总经理本田宗一郎在他的公司内就非常注意礼节。不论遇到哪一级的雇员，都主动跟雇员问好，使雇员们都觉得老板非常和蔼可亲，觉得在这种公司里做事有一种回家的感觉。

公司中层技术人员桥本二郎因嫌工资低而欲离开本田公司。本田宗一郎知道此事后，并没有给桥本二郎加薪，而是在公司大厅内遇到桥本二郎后，很有礼节地向桥本问好并问桥本一会儿是否有时间，他想跟他谈谈。桥本不知道老板什么意思，回到办公室思考自己就要离开公司一事也许不知被哪一个小人报告给本田，桥本感到很气愤，他准备明天就辞职。桥本不知道老板什么时候会召见他，正在他胡思乱想之时，响起了敲门声，桥本喊：“进来”。进来的竟是本田。本田问桥本：“我没打扰你吧！如果你忙，我可以一会儿再来。”桥本大感意外，他没有想到老板竟会用这种语气跟他说话，给他的感觉就像他自己是老板，而本田是雇员似的。本田并没有提及桥本欲离开公司一事，而是询问了一些工作上是否有什么难处的话便离开了。

本田作为公司总裁完全可以把桥本叫到办公室质问一番，根本用不着亲自来，而且敲门，询问的语气都格外有礼。本田也根本用不着为一名中级技术人员亲临其身，但本田却这样做了。

当桥本后来做了本田公司的高级技术人员时说：“那时，我要是离开公司就真是太傻了，我再到什么公司去做事能遇到如此彬彬有礼的老板？当时，我是想离开，是本田经理对我的态度使我留下来并发奋工作的。”

当这段佳话在本田公司流传开来时，你可以想象出本田宗一郎在全体雇员中的领导形象有多么好。

“注意生活中那些小礼节吧！它会给你带来更多的益处，而这些是不需要花钱的，更不会浪费你的精力。”本田宗一郎对他的雇员这么说。当你在生活中去处理人际关系时，请时时铭记本田宗一郎的这句话。

08 做好蛋糕后别忘了裱花

不声不响地埋头苦干是老实人的特征。老实人就像一头老黄牛，只问耕耘，不问收获，因为你相信，只要自己努力，就一定能够得到应有的回报，因为每一位员工的工作，老板都看在眼里，老板不会亏待勤奋的人。遗憾的是，这种想法太理想化了。尽管老板也不想亏待你，但事实上，老板最容易患“近视”，虽然你拼命工作，他却视而不见。严格说来这不能算是老板的错，起码不完全是。老板的注意力通常会放在比较重要的人和事上面，那些微不足道的小事和默默无闻地做事的人反而容易被忽视。

传统思想一向以谦逊为美德，直接地宣扬自己被看成是不谦虚，对争强好胜之心人们也存有非议。这使得老实人因害怕别人说自己喜欢表功而不敢出头。

人生的发展其实包含着两个方面：一个是建构自己，是指人对自身的设计、塑造和培养；另一个是表现自己，即把人的自我价值显现化，不断实现并获得他人的认可。现代观念认为，表现自我并不是什么错误。没有表现，恐怕也就没有天才和蠢材的区分了。人在职场，不仅要表现，还需要善于表现。对此，台湾作家黄明坚有一个形象的比喻："做完蛋糕要记得裱花。有很多做好的蛋糕，因为看起来不够漂亮，所以卖不出去。但是在上面涂满奶油，裱上美丽的花朵，人们自然就会喜欢来买。"除非你打算一辈子默默无闻，自甘顾影自怜。否则，每当做完一项自认为圆满的工作时，要记得向老板报告，让他知道这是你的功劳。别怕老板会有什么想法，老板也希望自己的部下业绩非凡。

善于表现并不是过于表现。表现过分，会让人觉得你企图心太强，认为你没什么本事，反而轻视了你；还会认为你在弄虚作假，觉得你这种人不可交、不可信。像一段相声里讽刺的那样：在名片上印了一个"副处长"，又在"副处长"之后，还加了一个括号，写着"本处没有正处长"，结果就起了相反的效果，让人一下子就发现你权力欲望太强了。

你熬了几个通宵，费尽心机地完成了一个策划后，想请你的好朋友提些意见，希望修改后更加完美，然后再交给你的上司。没想到，还没等你交给上司，上司就把你给找来了，说："我本来很欣赏你的才华和敬业精神，没有新点子也没什么，做个朴实的人也很好，但你不该剽窃他人的创意。"然后递给你一份策划书，竟然和你那份惊人的相似，并且署名还是看过你策划书的好朋友。你能说什么？什么也不能说，因为你没有任何证据证明你的清白。所以，不管你和办公室的那一位关系有多好，千万不要把自己还没有呈交给上司的东西给他看或说给他听，否则，你就有可能要吞下功劳被抢的苦果。这是老实人常犯的一个错误。如果对方向你要，想学习一下，你可以策略处理。比如你可以把一份不同的策划书拿出来，但暗地里早已把你的策划书交给了经理。或者干脆说你已经呈给了经理，可以让他去那里取。

有了成绩，必须让老板知道，放在角落里和没有是一样的，除非你什么都不想要。找准机会，可以用一种间接、自然的方式表现自己的功劳。不习惯自我推销也没关系，也可请别人助你一臂之力。你会发现，不露痕迹地让人注意到你的才干及成就，比自夸的效果更好。

但如果你挖空心思想出一个好主意，或者你勤奋工作为公司发展做出了极大贡献时，却有人试图把这份功劳归为己有，你该理直气壮地夺回属于自己的蛋糕。

正确的方法是：开门见山，直接把结果告诉你的老板。如果时间允许，老板想知道细节，再进一步详细说明。但应尽可能做到简明扼要，一定要记得先感谢别人，再提自己的功劳。不要评说是非曲直，只要让老板知道事情的真相就可以了，老板自己会思考，否则，老板可能会觉得你这个人太急功近利。

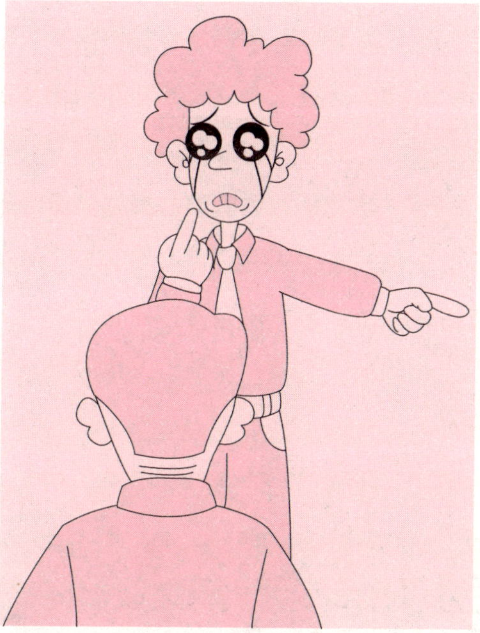

当你完成了一份策划，别忘了，除了报告你的老板，最好同时也把好消息报告给你的同事，让他们分享。而且要让全办公室的人都知道。一方面，一件事的成功，往往必须靠很多人一起共同参与，这里面有大家的功劳。有些人之所以在公司里人缘不好，原因很可能是眼睛只朝上、不朝下。另一方面，当有人抢你的功劳时，有大家可以为你作证。

一个有才干的人能不能得到重用，很大程度上取决于他能否在适当场合以适当的方式展示自己，让别人认识自己。如果缺乏当众展示自己的勇气，遇事紧张胆怯，退避三舍，或不喜欢在大庭广众之下表现自己，仅满足于埋头苦干，默默做个老实人，别人就无法了解，到头来也只能空怀壮志，怀才不遇了。这样一来，不但失掉了很多机会，也会给人留下平庸无能、无所作为的印象。以积极的心态看待自己，把当众表现看成是乐趣和机会，主动地寻找表现的场合，甚至敢于与强手公开竞争。要想办法做个“有声音的人”，这样才能引起老板的注意。

第五章
发挥自己的无限潜能

也许你并不是你想象的那样，没有傲人的家世，没有出众的才华，没有可人的面容，但你的内心有一股强大的力量，一旦你发现并发挥这股潜能，你会发现，原来每一个人都可以成功。

01 让自己“出类拔萃”

有个人把金子埋在家中花园的树下，每周他都要把金子挖出来欣赏和陶醉一番。

有一天，他的金子突然被贼偷走了。这个人坐在树下抱头痛哭。

邻居知道了，就来安慰他，问：“你从没花过这些钱？”

“从来都没有花过，”他说，“我每次只是偷偷地把它们挖出来，看一眼就满足了。”

邻居笑了，告诉他说：“那你就不用伤心了，这些钱有和没有，对你来说都是一样的。你实在想满足自己愿望的话，就随便找块石头埋起来，每个礼拜再挖出来看看就行。对你来说，金子和石头没什么两样。”

每一个人都是一块埋在土里的金子，但如果不被发掘，你就和石头没有什么两样。如果你真的有能力，就不能深藏不露，而应该积极地发掘自己的潜能，进行使用，这样才有发光的机会。

希腊神话中的英雄阿喀琉斯诞生时，天上掉下一个金苹果；苹果上刻着

“永远出类拔萃”。这几个字塑成了阿喀琉斯倨傲不群的性格，也间接地引发了后来的特洛伊之战。

但是，出类拔萃不一定要恃才傲物，更不必把自己局限于武力的层次上，打遍天下无敌手。这个道理，罗马时代的西塞罗很清楚。西塞罗幼年时的座右铭就是这一句“永远出类拔萃”，后来他在诗歌、文学、哲学与演说方面的成就，至今仍照耀罗马文坛，成为西方的珍贵传统。当然，出类拔萃还可以用来形容完美的人格，像孟子称赞孔子“自有生民以来，未有盛于夫子也”。中国传统所强调的三不朽，首重立德，其次才是立功与立言。

撇开这些历史资料，回到现实世界来看，“出类拔萃”其实是在鼓励人们“发挥潜力”，跟自己比，“以今日之我与昨日之我战”，进一步要求自己“苟日新，日日新，又日新”。

人的潜力究竟发挥了多少？威廉·詹姆斯说：“比起我们应该实现的成就，我们只是处在半醒状态。我们虽有丰富的心灵资源与生理能量，但是只用了一小部分而已。”

美国有一部电视连续剧，描写一个人在愤怒、焦虑、失望时，会身形暴长、力大无穷、所向披靡，非要等到危机消失才能恢复常人模样。这种描写虽然夸张在“体力”的表现上，但我们相信一般人的确在体力与智能上发挥得不够。

原因何在？有人说这是个随俗从众的时代，最好大家平平凡凡过日子算了。但是为什么每到颁奖的时刻，像金鼎、金钟、金马、金铎、金桥、金笔，以及各类体育竞赛、文艺竞赛，考试、毕业，甚至万人瞩目的诺贝尔奖等场合，却总是有人走出群众、上台领奖？而台下的我们又真心羡慕与兴奋地为这些出类拔萃的人热烈鼓掌呢？也有人说我们应该知足常乐。是的，假使我们曾经竭尽全力，自然应该知足常乐。但是，我们全力以赴了吗？

恐怕有些人是为了贪图暂时的安逸而放任自己 90% 的潜力废置了。安全与安定，固然是人之所求，但是它的代价有时很大。人文心理学家马斯洛说：

“你可以选择退缩之途，以求安全；也可以选择进取之途，以求成长。成长必须经过一再的选择；恐惧必须经过一再的克服。”

49 岁的犹他大学校长加德纳于 1983 年 7 月起接任全美最大的加州大学校长，他接任的理由之一是：“我在犹他大学觉得很舒适，但是这种感觉似乎对我的年龄还太早了些，因此我愿意接受挑战。”

02 别放弃自己的价值

很久以前，一位老富翁在即将离开这个世界时，担心自己辛苦积累下的巨额财富不但不能给后代带来任何好处，反而会害了儿子。他向儿子讲述了自己白手起家的创业经历，希望儿子不要躺在父辈留下的财富上享清福或肆意浪费，也能靠自己的拼搏，努力创造出比父辈更了不起的事业。他让儿子进山去寻找一种叫“沉香”的宝物。

儿子深受感动，决定一个人进山去寻宝。他跋山涉水，历尽苦难，最后在一片森林中发现了一种能散发出浓郁香气的树。这种树放在水里能沉到水底，不像其他的树那样浮在水面上。他认定自己找到了父亲所说的宝物，于是兴致盎然，把砍下的香木运到市场上去卖，可是无人问津。他深感苦恼，抱怨世人没有眼光，不识宝物。可当他看到邻近摊位上的木炭总是很快就能卖完时，他改变了自己的初衷，决定将这种香木也烧成木炭来卖，结果他的木炭也和其他的木炭一样很快被一抢而空，他很高兴自己挣到了一笔钱，迫不及待地回家告诉老父亲。父亲听了事情的经过，竟然老泪纵横。他告诉儿子，沉香木不是普通的木材，普通木材是不能与之相比的。它的作用不能等同于木炭，只要切下一块磨成粉末，就远远超过了一整车木炭的价值。

职场中这种因盲目攀比而丧失自己价值的现象并不鲜见。谁不想得到一个理想职位，同时获得丰厚的报酬？如果把握得好些，恰当的攀比也许是不断前进的动力。然而如果不加选择、不分情况或心态失衡，结果就得不偿失了。其实，人与人是不一样的，无论生活上的婚姻或交友，还是工作上的就业或择业，都会受到知识、技能等条件的影响，也会因兴趣、性格、机遇等因素的制约而不同。比如工作，即使两个人基本条件差不多，但其中一个善于推销自己，把握机会的能力强些，最终的职业取向，乃至职位、薪酬、福利等就会迥然不同。如果原本自身条件就相差甚远，只适合做一般员工，还一厢情愿地同别人比职位、比薪酬，就更不切合实际了。人应该贵有自知之明。

小芳与小晴曾经是同窗好友，毕业后，都先后找到了工作。可没过多久，小芳就有些心灰意冷了。原因是小晴是公务员，工作相对稳定，薪水也比较高，颇有发展前途。而小芳虽然进的是一家大公司，却只是一个普通员工，工作辛苦不说，薪水也没有老同学高。小芳感觉自己学历、能力等条件同小晴比应该是强于她的，自己怎么就做了个一般员工呢？这样一比之后，小芳的心态开始失衡了。她不甘心居于老同学之下，一定要超过她。她选择了跳槽，要找一个自己理想的工作。可奔波了几个月，不仅没能如愿以偿，甚至连生活也陷入了困境。

保持理智，正确认识自己，对一个人的职业定位、道路选择是十分重要的。自己适合做什么，能干出多少成绩，离开了实事求是的自我定位，就很容易陷入盲目攀比的误区，既妨碍眼前的就业与择业，也会给你的长远发展带来不便，实在是得不偿失。如果你对自己的处境不满意，认为自己可以做更好的职位，也应该脚踏实地去工作，积蓄力量，等待时机。

一位大师曾经说过：玫瑰就是玫瑰，莲花就是莲花，只能去欣赏不能去比较。而世人常犯的错误就像那个富翁的儿子，盲目和别人比较，最终放弃了自己最有价值的沉香，随波逐流。

每一个人都有一些属于自己的“沉香”，即自己的优势。但世人往往不懂得它的珍贵，反而对别人手中的木炭羡慕不已，岂不是愚蠢得很吗？这样做的结果只能让世俗的尘埃蒙蔽了自己智慧的双眼。生活在一个充满竞争机遇的时代是我们的幸运，只要攥紧拳头，世界就握在我们的手里。

03 敢于挑战权威

中国有句古训：“学、才、胆、识，胆为先。”有人认为胆量算不上什么，然而仔细看一下我们周围的人，你就不难发现，有才华的人到处都是，但真正有胆量的人，在人群里却是少之又少。有些人虽然知识不多，但初生牛犊不怕虎，思想活跃，敢于奋力拼搏，反而增加了成功的希望。权威人士常因为头脑中的思维定势，甚至是自己苦心研究得到的有效成果，因而紧紧抱住不放，遇到同类事项总是以习惯为标准去衡量，而不愿去参考别人的意见，哪怕是更好更有效的办法。结果，曾经先进过的东西或习惯有时反而会成为创新的障碍。

将一杯冷水和一杯热水同时放入冰箱的冷冻室里，哪一杯水先结冰？很多人都会毫不犹豫地回答：“当然是冷水先结冰了！”非常遗憾，是热水。发现这一错误的是一个非洲中学生姆佩姆巴。

1963 年的一天，坦桑尼亚的马干马中学初三学生姆佩姆巴发现，自己放在电冰箱冷冻室里的热牛奶比其他同学的冷牛奶先结冰。这令他大惑不解，他立刻跑去请教老师。老师则认为，肯定是姆佩姆巴搞错了。姆佩姆巴只好再做一次试验，结果还是与之前完全一样。

不久，达累斯萨拉姆大学物理系主任奥斯玻恩博士来到马干马中学。姆佩姆巴向奥斯玻恩博士提出了自己的疑问，后来奥斯玻恩博士把姆佩姆巴的发现列为大学二年级物理课外研究课题。后来，许多新闻媒体就把这个非洲中学生发现的物理现象，称为“姆佩姆巴效应”。

很多人认为是正确的，并不一定就真的正确。像姆佩姆巴碰到的似乎是常识性的问题，我们稍不留心，便会像那位老师一样，做出自以为是的结论。著名的实用主义哲学家威廉·詹姆斯，曾经谈到那些从来没有发现他们自己的人，他说一般人只发展了10%的潜在能力。“他具有各种各样的能力，却习惯性地不懂得怎么去利用。”

有胆识的人思想上不守旧，行动上敢为先，机会越多，成功的概率自然就越大，成功的速度也就越快。

洛威尔说：“茫茫尘世、芸芸众生，每个人必然都会有一份适合他的工作。”

卡耐基曾说：“我无法写出能与莎士比亚相媲美的书，但我可以写出一本完全由我自己写成的书，我要做我自己。”

04 每天抽出一小时 发展自己的个人爱好

一位名叫富兰克林·费尔德的人曾精辟地说过这么一句话：“成功与失败的分水岭可以用这么5个字来表达——我没有时间。”

在当今这个生活节奏日益加快的年代里，人们似乎每天都没有过多的时间去做自己想做的事，所以许多念头慢慢地也就淡化了。但世界上仍有许多人用坚定的意志，坚持每天至少挤出一小时的时间来发展自己的个人爱好。事实上，往往是越忙碌的人，他越能挤出这一小时来。

休格·布莱克进入美国议会前，并未受过高等教育。他从百忙中每天挤出一小时到国会图书馆去博览群书，包括政治、历史、哲学、诗歌等方面的书。数年如一日，就是在议会工作最忙的日子里也从未间断过。后来他终于成了美国最高法院的法官，这时他也已是最高法院中知识最渊博的人士之一。他的博学多才使美国人民受益匪浅。

威尔福莱特·康前半生奋斗了40年，是全世界织布业的巨头之一。尽管事务十分繁忙，他仍渴望有自己的兴趣爱好。他说："过去我很想画画，但从未学过油画，我曾不敢相信自己花了的力气会有很大的收获。可我最后还是决定了，无论作多大牺牲，每天一定要抽出一小时来画画。"

威尔福莱特·康所牺牲的只能是睡眠了。为了保证这一小时不受干扰，唯一的办法是每天清晨5点前就起床，一直画到吃早饭。他说："其实那并不算苦。一旦我决定每天在这一小时里学画，每天清晨这个时候，渴望和追求就会把我唤醒，怎么也不想再睡了。"

他把顶楼改为画室，几年来从不放过早晨的这一小时。后来时间给他的报酬是惊人的。他的油画大量地在画展上出现，他还举办了多次个人画展，其中有几百幅画还以高价被买走了。他把用这一小时作画所得的全部收入变为奖学金，专供给那些搞艺术的优秀学生。他说："捐赠这点钱算不了什么，只是我的一半收获。从画画中我获得了很大的愉快，这是另一半收获。"

每个人的大脑都有能力去创造和想象，为自己寻找机会。一位名叫尼古

拉·格里斯多费罗斯的希腊籍电梯维修工对现代科学很感兴趣，他每天下班后到晚饭前，总要花一小时攻读核物理学方面的书籍。随着知识的积累增多，一个念头跃入他的脑海。1948 年，他提出了建立一种新型粒子加速器的计划。这种加速器比当时其他类型的加速器造价便宜而且更强有力。他把计划递交给美国原子能委员会做试验，又再经改进，这台加速器为美国节省了 7000 万美元。格里斯多费罗斯得到了 1 万美元的奖励，还被聘请到加州大学放射实验室工作。

富兰克林·罗斯福在战争最艰苦的年代里，时常强迫自己挤出一小时来集邮，借以摆脱周围的一切。已故的吉妮太太曾回忆，总统那时经常去她管的那幢房子，把自己关在里面，摆弄着各色邮票。总统来的时候脸色阴沉，心情忧郁，疲惫不堪。等到他走出屋子离去时，精神状态完全变了，变好了，似乎整个世界也变得明亮了。对这位总统来说，这点时间的独自清静换来了他新的精神面貌。

要想有这样的收益，无论谁都可以马上做起。有一位老人，他从 78 岁起每天抽出一小时学习欣赏音乐。他说：“我很快就养成了这种习惯，每天听一小时的音乐。我要具备起欣赏音乐的能力，随着年岁增高，等到我不得不靠静坐度日时，就用得上它了。”

一天安排出一小时来静心，排除疲劳，即使看起来并没有做多大的事情，但我深信大多数人还是会觉得有收益的。至少他们在这段时间里可以理清头绪，为自己定出一个明确的目标。

一位很大的化妆品公司的负责人，他的儿子在大学获得了神学优等生的荣誉，十分高兴。可是每次儿子回家，父亲就发现与儿子不再有“共同语言”了。这使他日益焦虑不安起来。虽然当父亲的对神学也很感兴趣，但毕竟从没认真系统地学过这门课，为此他在每天午饭后开始挤出一小时，把自己关在办公室里攻读宗教方面的书。

他说：“起先同事们认为我古怪，在干傻事。但不久他们对我的学习计划改变了看法。由于对宗教学的研究，使我涉及了人类学、社会学和其他一些科学领域。近几年来，我常被邀请到各地去演讲。我想我的演讲与文章对宗教信仰内部间的相互了解做出了一些贡献。”接着他补充道：“最主要的是，我儿子一定会为父亲的自学成才而自豪的。”

亨利·索罗说：“我从没找到过这么一个伙伴，他能像这一小时那样长期地陪伴着我。”每天花一小时来干你想干的任何事，这有助于挖掘出你身上的潜在能力，因为这种能力若不去挖掘，它很容易消失。抓住这点时间，就能使你的心灵变得更美，生活更有情趣，生命更有意义。

第六章
换个想法更好

这世界上没有人愿意跟你过不去，有时候，可能是我们自己太过较真，因为我们卑微，因为我们人微言轻。可是，没什么大不了，换一种思维，想想那些所谓的伟大人物，不都是从头开始的吗？换个想法才能通权达变，创造新机，适应环境。

01 可以说 Yes，
也可以说 Sorry

人际交往不会永远是一帆风顺的。有时自己提出的要求被人拒绝，有时不得不拒绝一些熟人、朋友、亲戚向自己提出的要求。只是由于人情关系、利害关系等，很难说出一个“不”字。这时怎么办？这就需要“婉拒”，即委婉地加以拒绝，它能使你轻松地说出“不”字，帮你打开人际关系的僵局。

如果你是一个刚步入职场的新人，正处在学习和历练的阶段，当主管让你帮忙办点私事时，你可以爽快地说声“Yes，sir！”作为新人，你的能力有限，工作还不是很熟，这个时候想要实现自己的价值，最好也是最有效的办法就是同主管搞好关系，并趁机学好工作中所需的专业知识。这样，在以后的工作中稍加表现，就会得到主管的青睐。

如果你是主管的秘书，作为一个秘书，面对主管的吩咐，如果不太过分的话，都应该乐于接受。这已成为现代职场中一个潜规则。比如，主管让你去商店买东西或是预订一桌酒席，你应该把它视为工作的一部分，不存任何抱怨，因为办私事的功劳与费尽心力才办妥公事的功劳在主管心里基本上不分伯仲。

辛迪是一家科技公司主管的秘书。主管经常让她替自己办些私事，比如预备早餐，接孩子放学，等等。她开始觉得心里委屈，自己大学毕业居然什么才能也没有发挥，还专门干这些杂事。辛迪准备辞职不干了，但是要好的同事告诉她：作为主管的秘书，你干这些事太正常了。辛迪释然了，以后无论是主管吩咐公事还是私事，她都认真干好。一年后，策划部有一个助理的空缺，辛迪向主管申请，主管虽然舍不得她离开，但还是批准了，于是辛迪又可以从一个新的高度展望未来了。

当然，秘书为主管办私事，也要把握分寸，应该只放在那些与主管有相连关系的事上。若是涉及主管夫人，就应该谨慎，如果其中某些权利和义务出现问题，就很容易引起彼此间的不快。

而如果你是一位资深的员工，那么这个问题又另当别论了。愿意，你可以说声“Yes，sir！”如果你不愿意，你也可以说：“Sorry，sir！”

现代上班族越来越重视时间、个性和尊严。偶尔为主管做点私事也累不坏，但经常这样就应该考虑了。在8小时里可以为公司办事，但下了班时间就是自己的，你有理由置主管的任何命令于不顾。当然，你为了自己的前程也可以帮主管办些私事，但因此你可能会面对办公室里的舆论——说你专门拍马逢迎。

于是很多人因为注重自己的个性和尊严，就纷纷地想到拒绝。值得注意的是，这时候千万不要因为“不”字难以出口，就阳奉阴违，明着答应暗地里却不办，这样你就会失掉主管对你的信赖，以后主管还敢把重大的任务交给你吗？当然，也不要把麻烦推给别人，那样只会让主管觉得你没有能力担当，连同事也会对你心存不满。

你应该采取委婉的方式拒绝，说明自己的难处以及在同事中将会产生的对自己不好的影响。作为公司的一员，可以为公司的业务鞠躬尽瘁，但工作到主管家里，可能就有涉私之嫌。而且在时间问题上，还可能影响自己正常的生活，毕竟自己也需要一些自由的空间。假如你马上一口回绝，那么，对方极可能就会认为你不肯帮助他，甚至你们的关系因此而僵化。因此，最好是使对方认为你已尽力为他服务了。

在现代职场中，很多情况下主管和公司是二合一的，只有当你变得更成熟一些，你才能诠释其中的玄妙。主管让你办私事，你可以凭着自己的智慧，视情况而定，说声 Yes 或 Sorry。既发展了事业又享受了生活，才是一举两得。

02 拒绝，要有技巧

要拒绝他人，也要懂得掌握方法。一个人，既不能在每一件事情上退让，也不能向每一个人退让。因此，懂得如何去拒绝他人，就如同懂得如何去赞同他人一样重要。尤其是身在官场的权势人物，更加要懂得这个道理。

有些人在心有余而力不足的情况下，因感到不好意思而不敢直接拒绝对方，致使对方搞不清你到底是否愿意帮忙，从而产生许多不必要的误会。比如当你在拒绝的时候说：这件事恐怕做起来很难。你原本是想拒绝，然而对方却可能认为你同意了。结果你没有做到，自然会被埋怨不信守承诺，关系也因此可能会疏远。

古希腊大哲学家毕达哥拉斯曾说过："'是'和'不'是两个最简单、最熟悉的字，却是最需要慎重考虑的字。"的确，答应他人做某种事要慎重，而拒绝别人的请求也应该慎重。

直接生硬地拒绝不是最佳选择，那会让有求于你的人感到尴尬，不管寻找什么样的理由都会被误解。那么，你应该怎样巧妙地拒绝同事呢？

先倾听，再决定。不要没听明白就一口拒绝，不管什么事或你能不能做，都得让人把话说完。同事向你提出要求，心里也会事先掂量，有所忧虑，担心遭到拒绝。因此，你在决定拒绝之前，一定要认真地倾听他的诉说，弄清他的处境和需要，这起码能让对方有被尊重的感觉。在此情况下，即使你婉转地表达出自己拒绝的意思，他也会觉得你是有诚意的，你的决定是在慎重权衡之后做出的，不是不想帮，确实是你的能力做不到。认真地倾听他的要求之后，如果自己的确无力帮助，你可以在拒绝之后，针对他的实际情况给出些适当的支援性的建议。若能在你的指引下，他寻找到了及时的援助，困难得以有效解决，他同样会感激你，这和直接帮助的效果是一样的。他会想这人很好，自己做不了，还找别的人想办法，可谓尽心尽力了。

拒绝他人的求助的确不是件容易的事，你必须既不含糊，又不让人误解，还不伤害对方。

需要直接拒绝同事不合理的要求时不能含糊和拖拉，以免造成对方误解，心存希望，从而耽搁更多时间。你完全可以在“不”的表面裹上糖衣，说“不”

时温和而委婉，这样就不会让人因拒绝而心生恼怒和难堪。比如你可以用微笑代替，或者先恭维对方然后再婉言拒绝。幽默有时可以成为拒绝的好办法，这就要看具体情况了。所谓“看人下菜单”，对方能接受到什么程度？什么话他能听了不会误解？需要把握好尺度。

如果不好正面拒绝，那就采取迂回的战术，巧妙转移话题，比如说工作或问问他家庭孩子的情况，明白人一听就知道你是在拒绝了。别的理由也可以，但不要随便编什么理由，要合情合理才好。重要的是善于周旋，语气温和而坚定，绝不答应，但也不致撕破脸皮。比如，他工作上与上司产生了矛盾，希望你站在他一边。你当然不能如此简单就做了，那会得罪上司。你可以向对方表示同情，给予良好的建议，希望他能主动与上司沟通。然后再提出你不能参与其中的理由，加以拒绝。这样，对于你的拒绝，他也能以“可以体谅”的态度接受。

开口拒绝对方往往心中想得很好，一旦要说出口，却又不知道该怎么说了。但如果下不了决心，无法启齿，就可能带来误会。这个时候，你可以使用肢体语言。比如摇头，别人一看你摇头，就会明白你的意思，之后就不用再多说了。或者用微笑中断作为暗示，和谐的气氛下，当笑容突然中断，便暗示着无法认同和拒绝。类似的肢体语言包括目光游移不定、频频看表等。还有一种办法就是拖，当对方提出要求时你迟迟没有答应，只一再表示要考虑考虑，那么聪明的对方马上就能了解到，你是不太愿意答应的。

但这些方法只适合精明的人，对于反应迟钝的人就不能用了。

当你拒绝同事之后，不时了解一下他事情办理的进展情况，表明你心里很重视与他的感情，他会感谢你的关心，你们依旧还是好朋友。切忌过后不闻不问，像什么事也没发生。其实，帮助他人是一件好事，别人拜托你为他分担事情的时候，起码表示他对你的信任。而你有困难时，他也会伸出援助之手，何乐而不为？但无论如何，仍要以谦虚的态度，别急着拒绝对方，仔细听完对方的要求后，如果真的没有能力帮忙，也别忘了说声抱歉，毕竟大家还是同事，以后还需要合作。

03 见什么人说什么话

中国有一句古话，做人要“内方外圆”。“内方”就是说，无论什么时候什么事情，自己都要有自己坚定的立场。这个立场，是无法动摇的、原则性的，是一个人做人的方法原则，是评判善恶丑美的标准。“外圆”，简言之，就是见什么人说什么话。要学会变通，说白了就是别人都哭的时候，就算你心里想笑，也要笑着去哭。

为人处世是一个人很重要的一项修炼，是一门很深奥的学问，大学里专门设有“公共关系”课，就是教人怎样处世的。但这不是用一句话、一篇文章就可以概括出精华的，还需要自己在职场中慢慢积累经验。

为人处世的一项最基本的规则是“到什么山上唱什么歌；见什么人说什么话。”中国古代大军事家孙武有句名言：“知己知彼，百战不殆。”这些都可以作为我们为人处世的指导原则。说话不看对象，不仅达不到目的，还会伤害对方的面子。反之，了解了对方的情况，即使发表一些不太合适的言论，也不会给对方造成伤害。

《世说新语》有这么一则故事：有个叫许允的人在吏部做官，提拔了很多同乡。魏明帝察觉之后，派虎贲卫士去抓他。他的妻子赶来告诫他说：“明主可以理夺，难以情求。”让他向皇帝申明道理，而不要寄希望于哀求。

于是，当魏明帝审讯许允的时候，许允直率地回答说：“陛下规定的用人原则是‘举尔所知’，我的同乡我最了解，请陛下考察他们是否合格，如果不称职，臣愿受罚。”魏明帝派人考察许允提拔的同乡，他们倒都很称职，于是将许允放了，还赏了他一套衣服。

许允提拔同乡，是根据封建王朝制定的个人荐举制的任官制度。不管此举妥不妥当，它都合乎皇帝认可的“理”。许允的妻子深知跟皇帝打交道，难于求情，唯可以“理”相争，于是叮嘱许允以“举尔所知”和用人称职之“理”，来消除提拔同乡、结党营私之嫌。这可以说是善于根据说话对象的身份来选择说什么话的绝好例子。

与人说话，是很有讲究的。你不但要考虑对方身份，还要注意观察对方的性格。一般来说，一个人的性格特点往往通过自身的言谈举止、表情等流露出来。那些快言快语、举止简捷、眼神锋利、情绪易冲动的人，往往是性格急躁的人；那些直率热情、活泼好动、反应迅速、喜欢交往的人，往往是性格开朗的人；那些表情细腻、眼神稳定、说话慢条斯理、举止注意分寸的人，往往是性格稳重的人；那些安静、不苟言笑、喜欢独处、不善交往的人，往往是性格孤僻的人；那些口出狂言、自吹自擂、好为人师的人，往往是骄傲自负的人；那些懂礼貌、讲信义、实事求是、心平气和、尊重别人的人，往往是谦虚谨慎的人。在职场中，免不了和各种各样的人打交道，要时刻注意观察，针对不同人的特点，选择不同的说话方式。

《三国演义》第六十五回中，马超率兵攻打葭萌关的时候，诸葛亮对刘备说：“只有张飞、赵云二位将军，方可对敌马超。”刘备说：“子龙领兵在外回不来，翼德现在这里，可以急速派遣他去迎战。”

诸葛亮说：“主公先别说，让我来激激他。”

这时，张飞听说马超前来攻关，呼啸而来，主动请求出战。

诸葛亮佯装没有听见，对刘备说：“马超智勇双全，无人可敌，除非入荆州唤云长来，方能对敌。”

张飞说：“军师为什么小瞧我！我曾单独抗拒曹操百万大军，难道还怕马超这个匹夫！”

诸葛亮说：“你在当阳拒水断桥，是因为曹操不知道虚实，若知虚实，你怎能安然无事？马超英勇无比，天下人都知道，他渭桥六战，把曹操杀得割发弃袍，差一点丧了命，绝非等闲之辈，就是云长来也未必能战胜他。”

张飞说：“我今天就去，如战胜不了马超，甘当军令！”

诸葛亮看“激将”法起了作用，便顺水推舟地说：“既然你肯立军令状，便可以为先锋！”

结果，张飞与马超在葭萌关下大战了一昼夜，斗了二百二十多个回合，虽然未分胜负，却打掉了马超的锐气，反被诸葛亮施计说服而归顺刘备。

在《三国演义》中，诸葛亮针对张飞脾气暴躁的性格，常常采用“激将法”来说服他。每当遇到重要战事，先说他担当不了此任，或说怕他贪杯酒后误事，激他立下军令状，增强他的责任感和紧迫感，扫除轻敌思想。

诸葛亮对关羽，则采取“推崇法”。马超归顺刘备之后，关羽提出要与马超比武。为了避免二虎相斗，必有一伤的结果，诸葛亮给关羽写了一封信：“我听说关羽将军想与马超比武别高下。依我之见，马超虽然英勇过人，但只能与翼德并驱争先，怎么能与你‘美髯公’相提并论呢？再说将军担当镇守荆州的征途，如果你离开了造成损失，罪过可就大了！”

关羽看了信以后，笑着说：“还是孔明知道我的心啊！”他将书信给宾客们传看，打消了入川比武的念头。

要修炼成诸葛亮的境界，不容易。不过，可以把古人的经验作为自己的指导，向古人学习。

战国时期著名的纵横家鬼谷子曾经精辟地指出，和不同的人说话，要采取不同的策略。他说：“与智者言，依于博；与博者言，依于辨；与辨者言，依于要；与贵者言，依于势；与富者言，依于高；与贫者言，依于利；与贱者言，依于谦；与勇者言，依于敢；与愚者言，依于锐。”“说人主者，必与之言奇，说人臣者，必与之言私。”

意思是说，和聪明的人说话，需凭见闻广博；与见闻广博的人说话，需凭辨析能力；与地位高的人说话，态度要轩昂；与有钱的人说话，要彰显高贵；与穷人说话，要动之以利；与地位低下的人说话，要谦逊有礼；与勇敢的人说话，不能稍显怯懦；与愚笨的人说话，可以锋芒毕露。与上司说话，需用奇特的事打动他；与下属说话，需用切身利益说服他。

04 求上司办事也要站直了

在你的生活和交际范围内，上司就像是一棵大树，攀住这棵大树，很多难题就迎刃而解。但是求上司办事也不是件容易的事情，不分情况、不加考虑、不管大事小事都找上司去办，上司会认为你太缺乏能力，而且真正遇到需要向上司张嘴的事时反而无法开口了。

首先要明白哪些事情应该利用上司的关系来帮忙。很显然，有两种情况你可以求助于上司。

一是那些和单位工作有关的事，关系到自己发展的问题，比如调岗、晋升、提薪、平息一些不利于自己发展的言论等。干好本职工作是分内的事，要求自己应该得到的也是合情合理的，付出越多，成绩越大，得到的就应该越多。这时请上司帮忙无可厚非。二是直接涉及自身利益的事，包括家庭关系处理等。这些关系所涉及的利益有时不能得到满足或者受到了伤害，会不同程度地影响工作。自己又无力解决，于是只好找上司说情，恳请他出面干预或施加影响。无论是从对你个人还是关心单位职工利益的角度，上司都认为是一种义不容辞的责任。这样的事情上司愿意办，办起来也名正言顺。从工作角度讲，帮助员工解除后顾之忧,不是可以让员工更好地投入工作吗？如果作为朋友出手相助，也是完全可以理解的。

或许你认为作为员工，一心埋头苦干，任劳任怨，不讲价钱，上司一定会看见你的业绩，也会考虑你的待遇问题。而频繁向上司要求利益，就肯定要与上司发生冲突，给上司找麻烦，影响两者的关系。事实不是这样。只要你能干出成绩，即使向上司要求你应该得到的利益，他也会满心欢喜。如果你无所作为，无论在利益面前表现得多么老实，上司也不会欣赏你。善于驾驭下属的上司也善于把手中的利益作为笼络人心、激发下属的一种手段。在同等条件下，你和另一个同事工作都勤恳认真，但你有苦难言，只提了一次要求，另一位却三天两头地找上司诉苦，有空就拨拨上司脑子里的某根弦，结果被优先考虑，老实巴交的你也只有眼巴巴的份儿。

找上司办事要把握好尺度，不要鸡毛蒜皮的事都去找上司。芝麻粒大小的事都去找，认为上司办事比你容易，上司会觉得你这人太不值钱，甚至会认为

你缺乏办事能力。比如，你家里需要买一个冰箱，如果让上司去找关系，可能会便宜点，但为这类小事找上司帮忙，既显不出上司的办事能力，又贬低了自己，得不偿失。找上司前先问问自己：你要办什么事？理由充分吗？上司是否有这个能力？能理解你的苦衷吗？如果你确定这些都没有问题，就会得到他的支持，问题可能也就迎刃而解了。但如果没有得到上司的理解，甚至有时上司还觉得你提出的要求过分了，或者觉得你请求办的事有些出格了，成功的希望可能就很渺茫了。

找上司谈事还要考虑会谈的场所和说话的方式。有的事要到上司的办公室里谈，有的事要到上司的家里私下谈；有的事谈得越诡秘越有效果，而有的事越是有别人听到对成事越有利。要想把事办好，还要把话说好。有的需要直来直去，开门见山，和盘托出；有的则需要循循善诱，娓娓道来，渐入佳境。要有条理性，让人听了有理有据，心悦诚服，同时还要力争把话说得生动感人，让人为之心动。话感人了，即便是铁石心肠的上司，也会甘愿出面为你办事。关键就在于要分清你所要求办的事的分量和利害关系以及上司的脾气秉性，否则会使上司感到唐突冒失，刺耳烦心。

让上司为你办事确实能给你带来很多便利，但除了分清哪些事该找哪些事不该找和怎么找之外，也应该明白，有些上司也是不可求的。对这样的上司，你求了，也许和没求一样，也许还可能给自己带来麻烦。

态度冷漠的上司对什么都无动于衷，决不会伸出援助之手。肯帮助别人的人首先是个热心人。冷漠的上司不具有热心肠，尽管他不会出卖你，但无论你怎样为他卖命，他也不会帮忙的。他会说些诸如“年轻人应多经受些锻炼和磨难，这是用金钱也换不来的宝贵财富”“吃得苦中苦，方为人上人”之类的话去搪塞，然后冷眼旁观。如果你想依赖他，最终一定会失望。

骄傲自满的上司自恃权势，目空一切，认为自己是世界上最了不起的人。尽管他只是个小班长，也会把自己和自己的职位看得很伟大、很神圣。所以他会看不起你，你无法与他在现实生活中做比较，你们之间总有距离。如果你依靠他，多半会失望。你一个小人物，他怎么会为你办事？

嫉妒心强的上司千万不要去求他，也绝不可以依赖他。他嫉妒你还来不及呢，更不可能为你做什么？

对小人型的上司你唯一的选择就是敬而远之，求他还不如求自己，因为他只会制造事端，不会帮助他人。看到你成功，他会嫉妒；看到你失败，他会幸灾乐祸。谁靠近他都会遭殃，何况你还是他的下属。

05 要有自己的圈子，但别为圈子所累

所谓“圈子”，通常指关系网。圈子大或强，是人际交往的范围或者能力的象征。职场的成功与否，与你是否建立了稳固的关系密切相关。善于交际的人，总是在不断地主动扩大自己的交际范围，不断给自己制造与他人交往的机会，主动通过各种途径去寻找适合自己的朋友。

良好、稳固、有效的人际关系的核心必须由你能靠得住的一些人或团体组成，这可以是你的朋友、家庭成员和那些在你职业生涯中彼此联系紧密的人或组织。大家相互支持和依靠，有了欢乐共同分享，有了困难一起克服，彼此都

获得了成功。这里不存在钩心斗角，尔虞我诈，他们不会在背后给你捅刀子，相反会从心底为你着想。

当双方建立了稳固关系时，彼此会撞击出强大的能量，使彼此的能力得到尽情发挥。所以一个人要融入团队，真正建造自己所需要的那个圈子，就得多方结交朋友，从最基本的信任开始，首先是公司的同事，然后是更广阔的范围。当你对职业关系有所意识，并开始选择可以助你一臂之力的朋友时，你也应该卸掉一些关系网中已经是累赘的包袱，其中或许包括那些相识已久但对你的职业生涯没什么帮助的人。尽管他还是你的朋友，维持过密的老关系只会使你浪费时间。

人喜欢搞关系，这本无可厚非。但有些人搞关系喜欢搞短线的、功利性质的关系，希望通过这种临时有用才找来的关系形成小团体，好走后门，弄特权，遗憾的是这种工具性关系根本不能带来信任。抄短线、搞关系也许能促成合作，但无法建立信任，无法维持长期而稳定的支持。

一个组织里关系管理如果有问题，就可能会出现“团体冲突”的矛盾，这是很危险的，因为此时所有的小团体都不再为整个大团体、大组织效力，大家可能为了各自的利益而争斗，把所有的精力都放在争斗上面，最终的结果常常是使公司蒙受损失。判断公司内是否存在团体冲突的现象，就先看公司是不是存在几个小团体，他们在做什么，沟通不沟通，沟通怎样。如果大团体中形成了几个小团体，而它们之间沟通很少甚至根本不沟通，各自为政，就很可能存在团体冲突的危险。

因此，应该在组织内部倡导严厉杜绝派系，关系可以建立，但派系绝不能有，要维持正常，因为一旦有了争斗，对企业的危害会远远大于它可以提供的利益。这就需要保持上下级、同事间的合理距离。

对待上司，既要尊重又要配合好。不管你的上司怎样，他能做到今天这个职位上，必定有某些你比不了的长处，值得你虚心学习借鉴，你没有理由小看他或不服从，你应该尊重他的人格和业绩。要知道，完美而没有缺点的上司是不存在的。提建议是可以的，但要上司能够接纳你的观点，先决条件是尊重，要做到有礼有节、有分寸地去把握。在提出质疑或意见以及建议前，一定要拿出详细的足以让对方心服口服的资料计划。同时要配合好上司的工作，这是做下属的本分。

对同事要多理解支持。同事是你的工作伙伴，对同事要求不能太苛刻，凡事都顺你的意思，除非你是老板。在发生误解和争执的时候，要学会换位思考，站在对方的立场上去想一想，多理解一下对方的处境和难处，必要的时候要给予支持和帮助。但支持也不可盲目，不分青红皂白而无条件的支持只能导致更深的错误，也会让人以为你是在拉帮结派。要支持正确的，反对错误的，这才是对同事负责。对周围的朋友要勤联络多沟通。一首歌唱得好：千里难寻是朋友，朋友多了路好走，生活和工作都离不开朋友的帮助。因此，不管什么时候都要记得给朋友打电话、写信、发电子邮件，哪怕只是只言片语，也能拉近距离。时间久了不联络，关系就会疏远，有事想起来去找朋友就晚了。

对自己的下属要多帮助、细聆听。帮助下属，其实是帮助自己，因为员工们的积极性发挥得愈好，工作就会完成得愈出色，自己也会获得更多的尊重。比如，下属犯了错误，作为上司，一味指责不但不能解决问题，还会加重下属的负担。批评是必要的，更重要的是帮他分析原因，找出改正的路子，这样，下属会感谢你。而聆听更能体会到下属的心境和了解工作中的情况，为准确反馈信息、调整管理方式提供了翔实的依据。高高在上，不注重与下属的关系，不听下属的意见，就有可能出现决策失误。对竞争对手尤其要多观察多学习。在你的工作生活中，处处都有竞争对手。很多人常犯的一个错误就是把竞争对手当成敌人，除去防范，只有打击。事实上，对手也可以成为你的老师。当你超越对手时，没必要蔑视他；当他在你前面时，也不必忐忑不安，想法对付。即使对手使你难堪，也不要愤怒，开明一点，豁达一点。总有一天，对手也会想明白，变得开明豁达，更加敬重你。要悉心观察你的对手，向你的对手学习，这样你就可以懂得更多，进步得更快。

06 如果草鲜嫩，好马也回头

“好马不吃回头草”，这是中国人的一句老话，就是这句话不知使多少人丧失了机会。绝大多数人在面临该不该回头时，往往意气用事，明知“回头草”

又鲜又嫩，却怎么也不肯回头去吃，自认为这样才是有“志气”。其实，在面临回不回头的问题时，你要考虑的不是面子和志气问题，而是现实问题。

比如，你现在有没有“草”可吃？如果有，这些“草”能不能吃饱？如果不能吃饱，或目前无“草”可吃，那么你会不会吃这“回头草”？还有这“回头草”本身的“草色”如何？值不值得你去吃？而且吃“回头草”时，你还会碰到周围人对你的议论，让你“消化不良”，你能不能忍受得了？

建议你，如果“回头草”是好“草”，你又愿意，那尽管回头去吃，能填饱肚子，养肥自己就可以了！何况时间一久，别人也会忘记你是一匹吃回头草的马，当你回头草吃得有成就时，别人还会佩服你：果然是一匹“好马”！

某歌舞团从海外重金请回一位歌唱家担任副团长，主管全团的业务工作。这个歌舞团长期以来人浮于事，好一点的演员都出去走穴赚钱去了，剩下业务不好的演员还留在团里混日子，团长也无可奈何，连全团演职员的工资都发不下来了。因此团里才不得不下决心找个能人来管理。

这位副团长到任后，虽然有大干一番的决心，但却处处受到牵制。排练时，由于没有资金支持，演员经常到不了位。团里和上级也总是干涉他的工作，一些能力平平的演员凭借关系硬被塞进主演阵容，一些已经被证明是平庸的编导也被派来“配合”他工作，他先进的管理思想和艺术思想在这些平庸的人面前无法发挥。

好不容易争取到一场演出机会，由于参演人员素质太差，没表演好，而被哄下了台。副团长就这样“带着镣铐跳舞”，稍微有些突破，就被指责为崇洋，以不适合中国国情而被取消。团里的状况一天不如一天，他却成了出气筒，领导批评，同事指责。终于，他不得不提交了辞呈。但在辞职后的新闻发布会上，他脸上始终挂着微笑，检讨自己半年来的工作，说自己没有取得预期的效果，原因在自己。至于辞职原因，他强调完全是个人因素。

自从这位副团长走后，团里更加没有一点生气了。为了生存下去，主要领导和一些素质较高的演员开始反思歌舞团的出路。大家终于认识到，歌舞团既然已经走进市场，就必须按照市场规律进行管理，而那个辞职的副团长的管理理念无疑是先进的。团里经过研究，上级领导同意后，再次做出决定，重新邀请这位前副团长掌舵，并且保证绝对不干涉他的任何分内工作。团主要领导首先向他表达了诚挚的歉意，而且向他做出郑重保证。这位前副团长见团里主要领导态度诚恳，并没有对以前的委屈耿耿于怀，考虑几天后便重新出山了。

在以后的工作中，他果然没有受到任何干扰，他领导团里演职人员，认真组织排练，争取参加了一些国内大型演出活动，推出了一批新人，带出了一支优秀的团队，团里的经济效益和社会效益显著提高。他还把这支团队带到国外，把精彩节目奉献给国外观众。他创造了自己职业生涯的一个辉煌。

不管是什么原因离开一个团队，那终究是你的一段职场经历，也是你生命中不可抹去的记忆，再怎么灰暗，总有你值得留恋的地方。尽管你已经不

是他们的员工了，可大家毕竟共事一场，还是朋友，所以经常打个电话或写封电子邮件，或者亲自回原单位与老同事、老领导叙叙旧，应该是一件非常愉快的事情。能进能出，能屈能伸，这才是一个成熟的职场人士的基本素质和做人的风度。

这个世界说大也大，说小也小，说不定哪天，两个分别多年的朋友就不期而遇了。何况在职场，在圈子小得多的某个行业。那句名言“好马不吃回头草”，已经不符合新时代的要求了。一切都应随着时间的变化而变化，当初离开也许是因为“草”不对我的胃口，当它已经符合我的口味时，为什么我不吃“回头草”呢？没准“回头草”更好吃呢！这和那种狭隘的气节没有任何关系。

我们每一个人的面前都会摆着各种各样的职位和机遇，但不是每一个职位都适合你，最重要的是准确地认识自己，选择一个最合适的位置，至于是不是回头草，不必计较。

07 忠言不必逆耳

在过去那些单纯的年代，人们曾把快言快语，直来直去当作人性中一种很美好的品质。因为有人直来直去，人们一下就能知道什么是美丑，什么是是非，什么是好坏。然而，在职场中，直言直语却是个大忌。有些话不能直说，这已经是不成文的办公室潜规则。有的人很难适应由“直”到“曲”的过程，但要认识到“曲”的存在也有很多合理性。比如上司意图不明确，可能是想考验一下下属独立判断和解决问题的能力。而在同事相处中，说话隐晦一点既能给自己留更多余地，也能避免直接冲突。因此，即使是很熟悉的同事，也要多观察，揣摩对方的神态、语气，明白对方“潜台词”，甚至是“口是心非”的表达。

在一次公司的聚会上，方女士穿了一件紧身连衣裙。赵先生看了，就忍不住说：“方姐，您这件衣服真漂亮，可就是穿在您身上有点可惜了，您看您那

么胖，把衣服都给挤没形了，整个看上去就一圆桶。”方女士生气地说：“圆桶我乐意，又没穿你身上。”此后，方女士好长时间都不愿意理他。

其实，赵先生也不是什么坏人，为人非常热情，别人有个大事小情，他都帮忙。可是，就那张嘴害了他。和他同时进公司的人，不是有了更重要的职位，就是成了他的顶头上司，只有他还在那原地踏步。赵先生也知道是怎么回事，可就是管不住自己的嘴巴。

赵先生的话也没什么错，但“忠言逆耳”，想想大庭广众之下，谁愿意让别人揭自己的短呀。

有这样一个故事：

山顶住着一位智者，他胡子雪白，谁也说不清他有多大年纪。男女老少都非常尊敬他，不管谁遇到大事小情，都要来找他，请求他提些忠告。但智者总是笑眯眯地说：“我能提些什么忠告呢？”

这天，又有一个年轻人来求他提忠告。智者仍然婉言谢绝，但年轻人苦缠不放。智者无奈，他拿来两块窄窄的木条，两撮钉子，一撮螺钉，一撮直钉。另外，他还拿来一个榔头，一把钳子，一个改锥。他先用锤子往木条上钉直钉，但是木条很硬，他费了很大劲，也钉不进去，倒是把钉子砸弯了，不得不再换一根。一会儿工夫，好几根钉子都被他砸弯了。最后，他用钳子夹住钉子，用榔头使劲儿砸，钉子总算弯弯扭扭地进到木条里面去了。但他也前功尽弃了，因为那根木条裂成了两半。智者又拿起螺钉、改锥和锤子，他把螺钉就往另一块木板上轻轻一砸，然后拿起改锥拧了起来，没费多大力气，螺钉就钻进木条里了，天衣无缝。

智者指着两块木板笑笑说：“忠言不必逆耳，良药不必苦口，人们津津乐道的逆耳忠言、苦口良药，其实都是笨人的笨办法。那么硬碰硬有什么好处呢？说的人生气，听的人上火，最后伤了和气，好心变成了冷漠，友谊变成了仇恨。我活了这么大，只有一条经验，那就是绝对不直接向任何人提忠告。

当需要指出别人的错误的时候，我会像螺丝钉一样婉转曲折地表达自己的意见和建议。”

智者就这样给出了人生的忠告。直言直语是一把伤人又伤己的双刃剑，而不是披荆斩棘的“开山刀”。所以，同事之间进行沟通时，一定要记住，绕个弯把话说。而且，能不讲的就不要讲，要讲的迂回着讲，点到为止，如果他不听，那是他的事。

第七章
把自己放在一个组织中

把自己放在一个组织中人的成长离不开社会离不开组织，一个组织甚至就是一个小社会，人与人之间经常发生着各种各样的关系。聪明的人会放开眼光，放宽心态，看准时机，看向光明之处，得道多助，方可成就自己不平凡的人生。

01 不争是最高的竞争策略

任何人都不可能是完美无缺的，我们不可能让所有人都喜欢自己，我们的前进道路不会非常平坦、和谐。在前进的过程中，我们随时都可能会受到不公正的待遇。它常常会给我们造成巨大的思想压力，打击我们的信心，摧毁我们的斗志，阻碍我们的进步。对于不公正的待遇，我们无法彻底避免或预防，很多时候我们必须接受，但我们可以选择接受的方式。

在漫长的职业生涯中，谁都不可避免地会遭遇“有冤无处诉”的情况。你可能会因此愤怒。但愤怒之际，你或许可以一时解脱，但后果却可能是中断或者延误你正在上升的职业生涯。如果走向另一个极端，认为任何不公平都是合理的，而努力压制自己，逆来顺受，到最后连愤怒的感觉都找不到的话，后果很可能是失去工作，职场生涯也将面临毁灭性的打击。那么，应该如何对待自己遇到的不公呢？

美国心理学家亚当斯提出一个“公平理论”，认为职员的工作动机不仅受自己所得的绝对报酬的影响，而且还受相对报酬的影响。人们会自觉或不自觉地把自己付出的劳动与所得的报酬同他人比较，如果觉得不合理，就会产生不公平感，导致心理不平衡。不公平感对一个人的消极作用十分明显，因此职业人士必须采取措施来消除这种不平衡的心理，使心境稳定。

有一则西方寓言会给你很好的启迪：两只饥渴的狮子同时发现了一个水湾，可里面的水只够一只狮子喝的。两只狮子谁也不肯退让，谁都认为自己是第一个发现水湾的，都想喝上第一口水。冲突很快升级，两只狮子终于大打出手。突然，这两只争斗的狮子发现，有一群狼正围着它们，等着失败者跌倒。两只狮子忽然醒悟，停止了争斗，各自走开。

聪明的狮子告诉你一个道理：不争才是最高的竞争策略。

首先，不要事事苛求公平，因为世界上根本就不存在绝对的平等。人的心理常常受到伤害的原因之一，就是对每件事都要求公平。你有你的尺子，别人也有别人的尺子，各有所长，各有所短。你用自己的尺子去衡量，当然就有了不公之感。所以不必事事都拿着一把公平的尺子去衡量，否则就是自己和自己过不去。

其次，设法通过自己的奋发努力来求得公平。有些人认为只要在工作中踏实肯干、业务能力强就能得到领导的青睐，他们把主动与领导搞好关系的举动错误地当成了溜须拍马，这是不对的。想想看，领导也是人，每个人都需要得到别人的尊重与肯定，你主动接近他，说明你心里有他。所以有些看似不公平的事，正是自己不成熟的观念与言行造成的。

最后，改变衡量公平的标准。不公平是进行比较后的一种主观感觉，因而只要你改变一下这种比较的标准，就能够消除心理上的不公平感。比如，自己这次没有加薪，觉得很不公平。但是如果换一个角度想想，就会发现这次加薪名额是有限的，许多和自己条件差不多甚至强于自己的人也没如愿。也许这样一想，你就会平静许多了。要知道，并不是只有你一个人做得好，大家都很努力。一时的得失不能说明什么，应该把眼光放远一点。

与人无争不是不做任何努力，而是一种达观的处世态度，用一颗真诚而宽容的心对待他人。无论是在家庭中、生活中还是在工作中，都应该做到与人无争执，这样才能避免不必要的麻烦，避免成为别人攻击的对象。

02 让老板注意到你的成绩

生活中常有这样的情况：有的人做了很多，但升迁、加薪的却不是他；有的人虽然做的不多，但却得到老板的赞赏、同事的羡慕，加薪的好事自然而至……相信每个人都想做后者不想做前者，那么如何让别人注意到你所做的？让老板关注你呢？

老板看不到你的工作成绩，确实是件令人头疼的事情，似乎自己的工作都做在了看不见的角落里。尽管如此还是应当理智对待，破罐子破摔只会把你的业绩“摔”得无影无踪。

事实上，造成这种不快的局面有很多原因，可能是老板方面的原因，但多数还是自己方面的。自己的工作没有做到位，没有让老板看到你的成绩。传统观念认为，只要自己是千里马，辛苦工作，就会有伯乐来发现。但事实上，千里马常有，而伯乐不常有。即使是千里马，那也得能遇上伯乐。况且千里马也是因为有机会历练，才修成正果。所以有了成绩，就必须让老板知道。

有两个同学毕业后进了同一家公司做事。5 年之后，他们中的一个已经升为市场部主管，另一个却还在调研部做基层研究员。并不是因为能力差别太大，而是一个会主动要，一个不会且不愿要。

虽然大部分人知道沟通的重要性，但并不是每个人都知道沟通的方式也很重要。

沟通贵在换位思考。要想让老板注意到你的成绩，首先要了解老板对你工作的要求，正所谓好钢要用在刀刃上。

如果你想在公司有所发展，消极等待与一味默默工作都是没有成效的，努力找机会让老板知道你的想法，看到你工作的结果，才是积极的做法。但想要与老板有一个良好的沟通，首先应站在老板的角度和立场来思考一些问题。

你可以先问问自己，老板是个什么样的人？怎样表现才显得自然？老板的反应会是什么？他会不会接受？这样的换位思考是十分必要的。因为老板与老板也不一样，接受起来总有差别。

勤勤恳恳也好，八面玲珑也罢，这些都没有对和错，无非是风格不同罢了，但不同的职位需要不同的处事方法。你要考虑自己的岗位需要怎样的风格。比如公关和市场类职位，练就八面玲珑、左右逢源的本领就能让老板放心，让客户满意。而绝大多数技术类职位比较欢迎老黄牛型的员工，要对技术问题研究透、研究出成果，没有一点锲而不舍的精神是行不通的。

爱默生曾说过："什么是野草？就是一种还没有发现其价值的植物。"其实，我们每个人都有自己天生的优势或劣势。不管人生规划如何，其实都是为了寻求成功，使自己的人生更有价值。我们也都知道做自己喜欢的拿手的事，总是会更容易些。人生要取得更大的成就，就应该在自己更容易做好的领域科学地规划。因此，成功的人生规划就在于最大限度地发挥自己的优势。

美国著名的歌唱家卡丝·黛利有一副美丽的歌喉，但美中不足的是她却长着一口特别显眼的龅牙，这使她曾经非常自卑。她参加过好几次歌唱比赛都失败了，原因是每次上台，她总是一心想着掩饰难看的牙齿，以致成绩很不理想。这使她非常痛苦，不知道该如何面对。后来，一位好心的评委劝告她，比赛时不要考虑牙齿问题，要全身心地投入到演出中。结果下次比赛，她完全凭自己地实力征服了听众和评委，终于脱颖而出，从此，卡丝·黛利就走上了歌坛。

没有哪一个人是完美无缺的。同样是有着长处和缺点的人，为什么有的人成功了，有的人却失败了？其实，不是你不行，而是你由于不能接受自己的缺点，再加上由此造成的自卑，使你连同长处也放弃了，从而制约了发展。

我们从小接受的教育便是如何改掉自己的缺点，长大以后才知道，有些缺点是我们永远也无法改掉的，我们只能接受，别无选择。试想，假如卡丝·黛利总是不能接受她的龅牙，她还会有后来的成功吗？

无法改变的缺点即使你总想着它、老自卑，不仅丝毫改变不了什么，还要因此而分散和消耗你经营自己长处的精力，减弱成功的信心，成为你发展的障碍。既然如此，你为什么还要那么做呢？坦然面对并接受自己的缺点，专心经营自己的长处，你就一定会成功。

人通常都有被动依靠的本性。克服了这种本性，变被动为主动，就会有“柳暗花明”的境界。因此，想让老板提升就说出来。也许你一直羞于开口，但开口要了之后就会发现，不仅自己的愿望实现了，你在他人眼中的印象也改变了。主动一点，机会自然就多一点。

03 巧妙利用办公室政治

办公室政治是个时髦的话题。在现代企业中，人们无一例外要饱受办公室政治的折磨。不管是分工合作，还是职位升迁，抑或利益分配，无论其出发点是怎样的，经常会因为某些人的个人意识而变得扑朔迷离，纠缠不清。于是，原本简单的人事关系变得复杂而难以琢磨起来，一个办公室产生了几个不同的派系，更由这些派系滋生出来许多纠缠不清的话题，如权力斗争、利益斗争、职位斗争、桃色绯闻等。

过去，人们一直认为靠自己的本领干活、赚钱、吃饭是最大的本事，把个人本领看得非常重要。而对那些靠疏通关系、玩弄权术向上爬的人则看成无耻之徒。但是，现在不同了，不懂政治、不讲政治是无法在职场立足的。在办公室政治中，职业人更关心的是如何利用政治使自己的工作机会和工作利益最大化。

谈到政治，如果你的第一个反应是无奈，甚至是很不屑，那就危险了，因为这表示，在职场中打拼的你，缺乏了一项关键的工作技能——政治手段。而根据专家们的观点，这个能力往往能决定一个人的工作成就。

清楚制造办公室问题人的初衷和卷入办公室政治漩涡的苦处，你就不会去大惊小怪。萨特告诉我们，存在的就是合理的。在办公室政治的字典里，从来没有什么合理、不合理，只有巧妙、不巧妙。既然这场政治是由经济的肥沃土壤培育起来的，你又何必为之恼火或绝望呢？

办公室政治的意义就是提醒职场中人建立各种工作维度上的信任关系，取得支持，维护自己的利益。一个人在组织中的威望来自组织的信任，包括老板、主管和同事。这种信任，不仅仅是对做事本领高低的信任，更重要的是对你为人的可靠性的信任。争取信任是办公室政治的起点，离开了信任，你就无从立足，更谈不上发展。

在职场中摸爬滚打的人，谁也避免不了政治的纠葛。要想让自己实现突破，竞争合作意识、角色转换意识、敬业意识和学习意识是必不可少的。其中最为重要的莫属竞争合作意识、角色转换意识和学习意识。

不要灰心丧气或怨恨，那样做是没有用的，你只有迎头直上。事实上，你绝对可以练就一身好功夫，成为具有高政治敏感度的高手，尽情地发挥自己的聪明才智，把办公室政治当成你赚钱的工具。

你必须明白，你是逃避不了的，不管你是否愿意，都得接受。只要有一群人在，再加上无法克服的不均衡的权利分配，自然而然就会出现办公室政治。亚里士多德早在几千年以前就说：“人类天生就是政治动物。”所以在办公室中，有政治行为是正常的，没有政治活动才是奇怪的。闭上眼睛无视办公室政治的存在是愚蠢的，因为你迟早会被卷入其中。及早准备，有所行动，才有存活机会。政治是不流血的战争，战争就必然会有胜利和失败，逃避就是失败。

办公室政治还是一门艺术，就看你如何用。只要运用得当，同样的事情由不同的人来做，会经营出迥然不同的风格。因此，你绝对可以有风骨、有格调地把办公室政治活动经营成一个赚钱的工具。

具体做法如下：

1. 搜集关键人士的信息。政治活动的目的，是为了拥有及保障权力。所以你最先该做的，是找出这个工作体系中真正掌握权力的人。除了老板和各级上司之外，还可能包括一些看起来不重要却掌握特殊权力及信息的隐形掌权人士，如总经理助理、老板的配偶、秘书、司机、团队中的骨干等，他们的作用非同小可。只要你多观察，多请教，就能更深入地了解每个关键人的详细资料，包括学历、人际和社会背景、在公司的地位等。这些资料不但能帮助你了解公司重要人物的特质关系，作为你日后升迁的参考，更能给你提供未来和这些人良好互动的基础，给你的事业创造良好的支持。

2. 掌握好关键人的人脉。什么事都有规律可循，人际关系也不例外。组织是由看似无形、实际有形的关系网构成的，你应该了解这个网，还得把自己也织进去。比如，总经理跟行政主管是大学同学，你的上司则和营销主管是远亲，A经理曾是D经理的对手等。你通过与同事的谈话，可以不露痕迹地找出派系脉络，抓住网的纲，就会一目了然。这时一定要多听少说，你不知道水有多深就不要去淌。如果对听到的内容随意做出负面的评论，很可能在你准备好之前，你就已经陷入政治混乱当中了。

3. 发展与关键人的关系。你要把自己织进网里，不要徘徊在外。即使你是不可多得的天才，公司非得靠你才能生存，也要对任何一个掌权人士以礼相待，维系良好关系。因为没有你，企业照样存在发展。发展良好关系，并不是让你拍马溜须，那只能适得其反。你可以尽你所能帮助对方成功，适度地表露自己对于对方的重视及忠诚。但不要在同事面前表现出和上司超越一般上下级的关系，尤其不要炫耀和上司及其家人的私交，这很容易成为别人中伤你的把柄。

同时也要注意一些问题：

1. 不要轻易相信你的同事。即使是天天和你在一起并且对你微笑的同事，也不要什么话都说。知人知面不知心，有时你永远都不知道是谁向你的上司和老板打小报告，说你孤僻难容，工作上难以配合。而实际上你只是对陌生的环境和陌生的人不愿多发表什么意见，想多做些事情罢了。到了他那里就完全变了味，上司又不会去向你问个究竟。

2. 忠诚于你所在的公司。即使你清楚地知道这家公司有许多地方做得不妥当，比如管理上有问题等，也不要因此小看公司，到处传播关于公司的不利言论。或者你可能有很多关于改进公司的想法，但也不要轻易说出来，即使老板叫你说，也应该少说为妙，因为你不了解老板的真实意图，你的满腔热情很有可能变成你对公司不满的证据。你所要做的就是好好工作，然后拿钱回家就可以。对他人的言论，也不要随声附和。

3. 不要在公司范围内谈论自己或他人的私生活。尊重他人的隐私是职场中人的准则。无论是在办公室、洗手间还是走廊，即使是私底下，也不要随便对同事谈论自己或他人的过去和隐私。即使你已经离开了这家公司，也不可以和从前的同事做知心的朋友谈。对特别喜欢打听别人隐私的同事要有礼有节，不该说的坚决不说。

4. 不要卷入派系斗争的漩涡。拉帮结伙是组织里最忌讳的事，即使和同事已经成了好朋友，也不要在大家面前和他有过分亲密行为，以免招人非议。涉及工作方面的问题尤其要公正，不偏不倚。关系要处好，但也不要被关系所累，否则就失去了讲政治的意义了。

04 绕过暗礁比撞碎暗礁更合算

拥有权力的老板、上司并非都容易相处。如果你看老板不顺眼，可能他也未必喜欢你。只要在一起工作，有上下级关系，暗礁就会存在。如果你还想在他手下打工，就应该正视你和他之间的暗礁。

在公司里，老板显然比员工有更多的权力。权力本身意味着一个人号令而另外一个人或一群人服从并执行。老板拥有权力，所以才会颐指气使；打工是为了生活，所以不得不忍气吞声。

人生在世有许多事是可以控制的，例如你可以自由挑选在哪里读书、和谁交朋友，但你却不能选择自己的父母。更多的时候是你无法去自由选择，只能接受。如果你想找一个令你满意的老板，挑不出一点毛病来，几乎是不可能的，也并不是每个人都那么幸运。

许多人一旦察觉老板的所谓问题，就认定自己是陷入漫长的地狱之旅，不知道何时才有出头之日。于是，开始抱怨为什么自己这么不幸？我上辈子做了什么要我来受罪？诸如此类的自我挖苦可能每天都存在着。

但是抱怨是没用的，只能让你在无端的抱怨中浪费光阴，错失良机。老板就是老板，与其逃避事实，不如直面问题，跨越你们之间的藩篱。

你应该与老板共患难，步调一致。当一丛丛暗礁挡住你的职业生涯的航程，你驾驭的这叶孤舟撞上去一定会粉身碎骨。你完蛋了，可暗礁还是暗礁，不管你的冲力多大，不会损其毫毛。因此，当你发现了它就在面前，最佳的做法就是把准舵，绕过去。

1. 要懂得体谅老板。不要总是抱怨你的老板无才无德，还对你指手画脚，简直对他讨厌到了极点。那你就会气愤、烦恼，甚至对别人诉说自己老板的无能。这样做肯定是有害的。老板就是指手画脚的，你就是服从的，就像天就是天、地就是地，不能倒过来。员工不听老板的听谁的？妥当的做法是客观地想想他取得的辉煌成就，你会发觉他并不是你想象中的那么无能。学习欣赏对方的长处，是达成合作的第一步。

也许你的老板也有难言之隐，他其实并不想板着面孔对你说话，但工作要求他必须如此。他可能要对自己的上司负责，很多事情也都是身不由己的，批评你也并非出于他的本意。假如老板真的在敷衍塞责，乱点江山，也不要因此而一味地抱怨指责，相反，这可能是你表现的好机会。你只要坚持正确的做法，事实会证明一切，也会让你的老板哑口无言。

2. 关键时刻挺身而出。老板也需要有自己的“铁哥们”“死党”，疾风知劲草，烈火炼真金。在关键时刻如果你能挺身而出，为老板出力，老板就会真切地认识与了解你，认为你是他的人。最关键的时候才最需要帮助。人生机会难求，不要错过表现自己的大好机会。当某项工作陷入困境时没有一个人肯伸手，而老板又非常着急，你如果能大显身手，他能不格外赏识你吗？当老板有了过失，可能遭受重大损失时，你若能挺身而出，主动承担责任，他能不感激你终生吗？

3. 多替老板分忧。老板每天都要承担很多工作和责任，所以他会很辛苦并承受巨大的压力和挑战。因此，你不应该再增加他的额外负担，这将可能导致他做出错误的决定。当听到一些与老板有关的信息而想要转告老板时，你应该先弄明白：这是真实的吗？是你亲眼看到的吗？需不需要进一步证实？而当信息被确认之后，你也不应该报喜不报忧，反映问题要全面。你还应该顺便提一些建议，以便协助老板找到更好的解决问题的办法。这样会觉得你在为他分忧解难，是他的得力助手。或者你有些个人的问题需要老板帮忙解决，那就先问问自己：真的需要老板出面才可以办吗？自己能做多少？在具体去办的时候，除非万不得已，自己能做的就不要麻烦老板。不能分忧，就尽量少添忧。

4. 表明你的忠心。所有老板都希望员工对自己忠心耿耿，忠诚于老板和公司也是一个员工的起码职业道德。你要表示自己对他的忠心，永远站在他那一边。听到公司有什么谣言或传闻，不妨悄悄地转告老板。不过，你的措词与表达方式需特别注意，说话简明、直接最理想。忠诚不是献媚，不是奉承说好话。该坚持原则的时候一定要坚持。重要的是你要尽力做到业绩突出，成为行家里手，这才是最大的忠诚。

05 多从光明的角度看问题

真正决定事物结果的根源并非该事物的本身，而是我们自己对事物的信念、评价与解释。我们可能无法决定生命的长度，但我们至少可以调整生命的宽度；我们可能无法改变风向，但我们至少可以调整风帆；我们可能无法左右事情，但我们至少可以调整自己的心情。

企业本身就是一个利益纠葛之地。任何企业都是以盈利为目的的，离开利润企业就失去了存在的意义。作为一个职业人，你能提供给企业的无非是一份智力和劳力，你凭借这些去获得你的报酬。虽然你最终从企业得到的报酬不完全是按照你为企业提供的智力和劳力的价值来计算的，但这也正常，企业有自己的计算公式。除了为职工支付必要的薪水，企业还要缴税、扩大再生产、留出备用资金和自己赢得的利润。假如有的员工身后有一块企业依赖的公共关系资源，企业还会把这块资源视为员工的附加价值。如果你只看到自己，而看不到整体，不能从企业的角度想问题，心态就容易产生失衡。

从另一方面看，每个人都有自己独特的价值理念体系，许多东西你认为不合理，对他人来说却是合理的。不要以为企业管理层都是傻子，企业里存在的问题只有你一个人看到了，或许他们更有洞察力，比你看得更清楚。用完美的眼光来看，这些问题是应该马上解决的，但从功利的角度而言，这些问题暂时没有解决，企业不也是照常运转的吗？解决问题需要时间和机会，还需要采取良好的手段，并不是想解决就能一下子解决的。如果不讲究策略和方法，结果可能问题没有解决，反而更加复杂化，更严重。况且企业里同时存在的问题不止一个，究竟哪个才是最重要的而非解决不可呢？不要看到事情不符合自己的预期就耐不住性子，或感到郁闷无比，这是无济于事的。

也许你才华横溢又想张扬个性，希望在组织里得到尊重，但事实上，每个人都想这样，只不过有阅历的人把自己的个性掩藏得更深而已，一旦他们拥有机会，会把压抑已久的个性发挥得更加淋漓尽致。企业是别人的，是上司、前辈张扬个性的舞台，你只是实现别人梦想的工具。还没有到轮到你去实现自己的梦想的时候，你不必太急，吃得苦中苦，方为人上人。就算同样有能力，在组织里也必须讲究个先来后到。一进公司就想施展所谓的抱负是不切合实际的。只有先给别人以足够的尊重，帮助他们成就事业，你才有成就自己的可能。完全以自我为中心，按照自己的尺度去衡量事情难免会碰壁。

世界上没有绝对公平并完美的地方，不信你可以问问有经验的老员工。一时无法充分施展抱负，就一定要有耐心。每天都是新的开始，多从光明的角度去看待问题，心情就不一样了。积极思考事物，永远都能找到积极的解释，然后寻求积极的解决办法，最终得到积极的结果。要有豁达的胸怀，戒除浮躁，踏踏实实地在一个企业里面干上一段时间，培养自己的实力。自负聪明能干，但发展却并不比别人好，其中最关键的一点就是对自己没有一个正确的评价，应该静下心来好好干点事情。

当你进入一个名声在外的企业时，你也不难发现，它同样存在你在其他企业所遇到的种种问题，或许还更严重。所以，把希望寄托在一个未知的企业是非常不明智的。

一个人在面临困难的时候，逃避不是办法，只有鼓起勇气，积极地调整心态加以克服才是最重要的。在这种情况下，就能发挥出意想不到的智慧和潜力，获得好的效果。

06 决定了，就不要犹豫

培根曾经说过：“机会老人先给你送上它的头发，假如你没有抓住，再抓就只能碰到它的秃头了。”机遇对每个人都是公平的，如果你犹豫不前，机遇马上就会去垂青另外的人。

那些成功的人士，都是因为在机遇面前能够果敢决断、雷厉风行。人有时难免犯错误，但是，成功的人比那些在机遇面前犹豫不决的人能力强得多，因而他们成功的机会也大得多。

有一个故事讲述了一位做畜类生意的商人的遭遇。这个商人主要卖骆驼和马匹，有时也收购绵羊和山羊。有一次他花了10天时间却没有买到一匹骆驼，沮丧地回城时，发现城门已锁，只好搭起帐篷，准备在城外过夜。这时来了一位老农夫，他也是被锁在城外的。农夫对商人说："大老爷啊，从您的外表看，一定是个做生意的买主。若真是如此，我很愿意把已经聚在一起的上好绵羊卖给你。我太太得了严重的热病，我必须赶紧回去，如果您买了我的羊，我和奴仆就可以马上骑着骆驼回家了。"由于收购不到骆驼，商人很愿意做这笔生意，虽然夜色中看不清羊群，但他听得出这些羊必定是很大一群。焦急中，农夫说了一个合理的价钱，商人当即同意了，他知道，这批羊明天一早赶进城，就会脱手卖个好价钱。

交易敲定后，商人叫仆人点着火把，计算羊的数目，可是黑暗中要数清那群团团乱转的羊是件非常困难的事，因此商人告诉农夫，他要等到天亮，弄清羊的数目后再付钱。农夫央求："老爷啊，这是900只绵羊，请今晚就预付我

2/3 的价钱吧，我好赶路回家。我将把最聪明能干的奴仆留下来，明儿一早帮你数算羊的数目。”但是商人很固执，坚持要明早付钱。第二天城门一开，四个畜类买主出城购买羊群，因为城内粮食稀缺，他们愿意出高价买下农夫的羊群，他们提出的价格是农夫昨晚所需要的 3 倍，商人就这样失去了一个天上掉下来的罕见良机。

机会对那些优柔寡断、喜欢拖延的人总是一晃而过，这样的例子随处可见。做对了却游移不定，或改变了主意的例子，往往比做错时才改变主意的例子多，于是很多机会都白白溜走了。

机不可失，时不再来，这是一个既浅显又深刻的道理。思考和行动是不可分的，不行动，等于什么也没有想。假如你相信自己的想法是正确的，判断是明智的，就应该立即付诸行动。要知道，有太多的人在面对内心最深的愿望时犹豫不决，畏缩不前，最终一事无成。

07 对待上司要有原则

在任何工作中，与上司保持和谐不仅是让自己获得晋升的重要法宝，还是自我生存的基本要求。如果与上司不能保持和谐的关系，就会失去很多机会，不能得到重用，不能获得提拔，更重要的是，还可能激发矛盾以至于难以在工作岗位上立足。因此，无论你和你的上司是否相互欣赏，你一定要想方设法与上司保持和谐。

面对工作狂，你可以示弱于他。这类上司往往认为自己是天下最能干的人，每天除了执着于工作没有别的，时间对他来说似乎永远都是白天。他也希望下属都和自己一样拼命工作，不舍昼夜。那么你就甘拜下风，不断向他求教，让他感觉到你是在他的英明领导下工作并取得成就的，这样就可以得到他的赏识重用了。

遇到强权者，就要勇敢一点。这类上司通常认为，下属是需要压制的，否则就会反了天。只有不断威胁下属，才能让下属老老实实听命于他。如果他的权力很大，最好不要去惹他。但当预见到他将会对你不利时，你就必须让他感觉到你的重要价值。千万不要被他吓倒，没有勇气，你只能做个受气包。

如果上司是个喜欢猜忌的人，最好的办法就是每天至少每周向他汇报一次工作，明白告诉他今天或这个礼拜你都做了哪些工作，以打消他的疑心，让他对你放心，不必整天怀疑你偷懒不干活。上司都喜欢属下向他汇报和请示，这种上司更加如此。

跟随优柔寡断的上司工作通常会很累，已经决定好的事情，只要别人提出一点意见，他就会一次次修改计划，部下就要从头再来。对这类上司，你一定要有耐心。你可以在不让他感到有失身份的前提下，支持他的决定，帮他增强信心，那就省事多了。这种上司做决定的时候通常愿意与人商量，你能多跟他探讨一些问题，还会增加他对你的信赖。

有的上司似乎很健忘，经常颠三倒四、丢三落四，自己讲过的话、做过的决定，几天后却忘记了，弄得你左右为难。最好的对策是，当他给你布置任务时，你不厌其烦地多问他几遍，特别是某些细节要多请他拿主意，从而使上司加深印象。你还可以把他的话进行概括，用简短的语言重复给他听，总结出要点，得到他的认可。这样，他就会记住自己说了什么、做了些什么了。

有的上司似乎很糊涂，布置工作时没有明确具体的目标和要求，既可理解成这样，又可理解成那样，有时甚至前后矛盾。你可不要认为他真的糊涂，那不过是他的领导风格。对把握不定的事他采取这样的态度，正是他推卸责任的一种手段。一旦你按自己的理解去做了，他就会责怪说他的要求不是这样，你弄错了。这种情况下，你只有打破沙锅问到底，在接受工作时，一定要详细问清具体目标和要求，特别是在时间要求、操作程序、质量标准、资金数量等方面尽可能明确些，并一一记录在案，让上司核准后再去动手。这样，你才不会受不白之冤。

不要以为上司什么都懂，有些上司自己明明对业务陌生、外行，却装懂、装内行，处处想显示自己，横插一手瞎指挥，而且还特别忌讳别人指出问题，怕显示出自己的无知。面对这样的上司，要灵活对待。如果是重要的、原则性的问题，可据理力争，坚持正确的，决不能迁就，否则就可能有苦果吃。若是无关大局的小问题，则可以谦让一点，给他留点面子，尽量避免正面冲突，使矛盾激化，毕竟得罪上司不是件好事，惹不起的还是要躲。

有的上司较为内向，不善与人交流，但这并不意味着不需要交流，只是他接受的方式不同罢了。相对于面谈来说，他可能更喜欢读 E - mail，你就将此视为与他沟通的最好方式。但当你遇到重要的事时，则不要使用这种方式，一定要通过面谈来表明你的态度，比如一起吃饭，既不会受到其他同事的干扰，又能和上司做最直接、有效的沟通。

有一种上司似乎最缺乏做上司的基本素质，总喜欢在下属之间制造是非，创造矛盾，还在老板面前打下属的小报告。这种上司最愚蠢——搞乱了团队，他自己一点好处也捞不到。对这种“小人型”上司，决不能一味忍耐，一定要找准时机，当面揭穿其真面目，然后主动找老板说明情况，让老板了解事情的真相。没有不为自己的企业负责的老板，当他得知自己手下的主管搬弄是非，一定会采取必要措施的。

如果你的上司平庸而无创新精神，却又喜欢揽功推过，你也不必太在意，完全可以用一颗宽容之心相对。把困难留给下属去做或把责任推给下属去承担，只能表明上司的无能，但对你来讲却未必是坏事，因为这样你就有更多磨炼和显露才华的机会。但如果你的功绩都被他据为己有，不肯分出一点，错了却要你承担，那就需要采取措施，夺回属于你的东西了。维护自己的利益是无可厚非的，要让上司知道你做人是有原则的。

08 主动化解与上司的隔阂

职场如战场，真正懂得方圆的人，在职场上方能游刃有余，在竞争日益激烈的职场，审时度势，在该坚持原则维护自己利益的时候毫不退让；在形势不如意时，可以全身而退；在上司与下属之间，可以左右逢源。

不管谁是谁非，得罪上司无论从哪个角度说都不是好事。尽管上司未必握有你的生死大权，但毕竟他管着你。得罪了上司，你就得担心上司是否会给你穿小鞋。工作中有疏漏，你逃不掉；没有问题，也会被鸡蛋里挑骨头。只要上司想整治你，随便什么理由，你都得受着。如果每天如此，你能受得了吗？但只要你没想调离或辞职，就不可陷入僵局。不管什么问题，都得留有回旋的余地。

不要轻易寻求同事的理解和帮助。

无论什么原因得罪了上司，心里总是不愉快的，难免产生些情绪，也向人倾诉，这时往往会选择和自己比较要好的同事，向其诉说苦衷，希望得到理解和帮助。这样做不好。一方面，你与上司之间的问题，同事不便介入。如果错在上司，同事也没办法表态，是站在你一边还是上司一边？同事最多给你一点安慰，那对解决问题又有多大的帮助呢？假如问题在你一方，作为同事，你本来是寻求帮助的，他怎么能忍心再说你的不是，给你增加痛苦？另一方面，你还得提防有的同事不仅不帮助你，还会添枝加叶把情况反馈回上司那儿，更加深了你与上司之间的裂痕。解铃还须系铃人。最好的办法是自己去弄清问题的症结所在，找到合适的解决办法，让自己与上司的关系重新建立一个良好的开端。至于如何与上司沟通，这方面你倒是可以请求同事的帮忙。一般来说，同事也不会拒绝的。

1. 切忌耿耿于怀，干扰了正常工作。职场不是你的家，不管你受了多大的委屈，也不能把这些负面情绪带到工作中来。工作是靠大家协作完成的，一个环节一旦停顿，就会影响全局，如果你不能很好处理自己的问题而连累大家，同事还会对你产生不满。其他上司也会对你产生不好的印象，而上司更有理由说你的不是了。这样，有理的你也会变成无理，一旦留下这样的印象，日后想要改变局面就很难了。所以，必须克制自己的情绪，无论是什么情况，都不要影响自己手头应做的工作。问题归问题，工作归工作。以不做工作来胁迫上司，那只会让自己今后的处境更为不妙。聪明的人绝不会犯这样的错误。

2. 主动和解。当你冷静以后，就该去消除你与上司之间的隔阂了。和解的办法很多，最好找个合适的机会沟通，自己主动伸出和解的“橄榄枝”。为什么要这样做？理由很简单，因为你还要受其领导，如果隔阂一直存在下去，难免给你的工作以至日后的发展带来负面的影响，对上司、对你都不利。错了，就要有勇气去认错，找出分歧的症结，向上司作出解释，表明自己会以此为鉴，希望得到上司的谅解和一如既往的关心。如果是上司的原因造成的错误，也不要静等上司来找你，主动一些可能会更有利。在较为宽松的环境下，以婉转的方式，把自己的想法与上司沟通一下，请求上司谅解，这样既可达到沟通目的，又可为他提供一个体面的台阶。与上司沟通，切忌咄咄逼人。即使你有理，这种方式也会让上司难以接受——上司有上司的尊严。更不要在一些细节问题上争个你死我活，这只会增加你们之间的矛盾。

不管什么情况，都不可用敌对的态度看待对方，否则只会使自己的处境更加尴尬。要知道，即使开明的上司也很注重自己的权威，也希望得到下属的尊重。想办法让不愉快成为过眼烟云，不要憋在自己的心里。化解矛盾最好找一个轻松的场合，比如在会餐时，向上司敬酒。酒桌上有句话叫做“都在酒里”，向上司敬酒，表明你要和解，承认错误。这样做起来很自然得体，既没有拍马讨好之嫌，又能表示你对他的尊重，上司自会记在心里，排除或淡化对你的不满。

09 想加薪，就对老板说

晋升的机会来了，各种小道消息在单位蔓延。那么，在面临这样的机会时，蠢蠢欲动的你要不要主动地向上司反应自己的愿望，提出自己的要求呢？这常常是人们为之苦恼的事情。因为，如果自己不去要求，很可能失去机会；而如果要求，又担心上司会认为自己过于自私，争名夺利，究竟该怎么办呢？

美国的一个政客说，想结交一个朋友，就请他帮你一个忙。因为人们总是更容易记得帮别人做过什么，而把别人帮自己的事情忘掉。他还发现，几乎所有的人都愿意对自己帮助过的人示好。这个定律，完全可以活学活用在职场上：要善于对老板表达自己的欲望和意志。

战国时代，秦国有一个12岁的少年叫甘罗，一天，他看到自己的老板——相国吕不韦为与燕国的外交事宜发愁，就主动要求作为外交大使出使燕国，当场被吕不韦呵斥，但他大大方方地对吕不韦说："有个人7岁就被孔子当做老师呢，我已经12岁了，就让我试一试吧。"吕不韦最后任命他为大使，出使燕国。结果甘罗圆满完成预期使命，后来还当上了丞相。甘罗的职业机会，就是这么大大方方争取来的。

如果你感到你完全有资格获得比现在高的薪水，那么就不要客气，大胆地向老板提。当然，前提是你对自己要有个正确的认识。

在提出加薪之前，要先考察市场，给自己一个定位。就是说要搞清楚同行们挣多少，你和他们的差距是什么原因导致的。所谓知己知彼，百战不殆。不知道原因在哪里，可能张了口也是白张。例如，同样岗位，上海和济南的薪水就不一样，这是地域造成的，不是老板不给。通过这样的调查，你就会对自己的工作所应取得的报酬有一个比较客观的认识。这会让你实实在在地了解，自己的水平在自己所处的市场上到底值多少，然后重新估价自己的价值。

希望通过薪水来体现自己的价值是一种让社会认可的需求，无可厚非，但你必须让老板知道你对公司的价值。要做到这一点，你需要找到与老板面谈的适当机会。你不妨让老板评价自己的工作表现，例如：您理想的员工标准是什么？自己的表现符合了公司的标准了吗？您觉得你在公司的未来发展中会发挥多大的作用？如果老板认可自己的价值和能力，那么你就可以说出自己的成就、提出自己的愿望了。千万不要给出一个具体的数字，这是很愚蠢的，或许他还会认为你在以自己的成绩要挟他。不说出具体的数字，或许会获得意外的惊喜。

如果老板怕打击你的积极性，勉强同意，而给你的加薪幅度与你的预期相差太远，让你不能接受，你应该立即提出。如果你的老板说不，也不要恼羞成怒，指责老板无情。你可以虚心地请教他要怎样做才能实现自己的愿望。如果他能明确地指出你工作上的不足，那么一定要虚心记住，并努力改正。但如果你觉得他根本就没有诚意，也不必争，找个真正欣赏你的老板重新开始就是了。

当你如愿地加薪或升职后，你要更加敬业，一刻也不要疏忽。别忘了，很多人都在冷眼旁观，给你打分，如果你做得好，他们也无话可说。当得不到重用时，也不要自暴自弃。正好可以利用这一时机广泛收集各种信息，吸收各种知识，以此增强自己的实力。一旦时运到来，你便可跃得更高，显得更加耀眼！

10 忠诚 但不唯命是从

曾经有一本很畅销的书叫《致加西亚的信》，其中有这样几句话：“如果你为一个人工作，以上帝的名义，为他干！”“如果他付给你薪水，让你得以温饱，为他工作，赞美他，感激他，支持他的立场，和他所代表的机构站在一起。”“如果能捏得起来，一盎司忠诚相当于一磅智慧。”

对这几句话，不同的人可能会有不同的理解。一般都认为，这是对老板忠诚的体现，但却忽视了一个起码的原则：假如老板向你下达了错误的指令，你该怎么办？

比如，老板让下属撒谎。身在职场，经常会遇到这样的情况：老板有时会因为某种原因不想见一个人，或者不想接听一个人的电话，他就会叮嘱你：“某某找我的时候，就说我不在。”可是显规则告诉我们：“诚实是做人之本，是事业成功的必备美德。”作为下属可能就别无选择了，你会若无其事地说：“抱歉，张总今天没过来，你改日再来，好吗？”如果对方继续问，你会说：“张总可能出差了，去哪里不清楚。”而实际上，老板就在你身边。如果你拒绝执行，肯定会得罪老板，并且可能失去工作。

其实，偶尔撒点小谎，对他人并没有造成多大的伤害，也是无可厚非的。但是，如果老板让你撒个弥天大谎，比如做假账，你可就得有坐牢的准备了。老板可能会用重金利诱你，但你要记住：一旦你犯了事，没有人能拯救你。你要提醒老板：“你让我帮着你犯罪吗？”如果老板还不觉悟，那就宁可辞去工作，也不能跟老板同流合污。千万不要为老板去做丧失原则甚至违背公德、违背法律的事。要知道，有的老板很坏，他可能利用你的忠诚陷害你，到时候出问题就把责任全部推到你身上，让你一个人背黑锅，你就跳进黄河也洗不清了。

忠诚不是唯命是从，当老板让你做一件涉及违法犯罪的事情时，你一定要拒绝。

几年前，一个实力很强的老板 A，刚刚与国外的一家公司取得联系，将合作进行一笔大的生意，不料，这个消息被竞争对手老板 B 得知。很快，老板 B 以更优惠的条件和国外的公司签订了协议。

老板 A 非常气恼，他找来了对自己忠心耿耿的下属小伟，想让小伟帮自己出口气。小伟 20 多岁，血气方刚，又加上东北人那种意气用事，当时就拍着胸脯表态：“老板您放心，我要让他尝尝苦头。”老板 A 长出了一口气，拍着小伟的肩膀说："我不会亏待你的！"

果然，小伟找到了机会，趁老板 B 不注意，和手下几个哥们，把老板 B 一顿狠揍。可小伟万万没想到，他们出手太重，老板 B 被打死了。

公安机关立即介入调查，很快查到了小伟及其公司。在警方讯问人员的强大攻势下，小伟交代自己是受老板 A 指使。老板 A 却说自己并不知道这件事，他还冠冕堂皇地说："大家都在生意场上做事，关系很好，我怎么能出此下策呢！"

虽然老板 A 也受到了惩罚，但小伟却永远失去了最宝贵的东西。试想一下，如果他当初理智地规劝老板，自己不犯傻去做这件事，就算被老板辞退了，也还有很多机会去做别的事呀。

小伟的错，不在于他的忠诚，而是不应该盲从。忠诚不是绝对的服从。常在职场行走，用江湖险恶来形容一点不为过。你要练就一双火眼金睛，明断是非，只做正确的事，决不做错误的事。

下面有两个建议，不妨参考：

1. 看懂你的老板。老板千差万别，但也有共同的特质。比如威严型的，在公司里整天板着脸，胆小的员工一看就战战兢兢，老板一安排任务就慌里慌张地接受；还有平民型的，和员工相处融洽，向员工下派任务，员工不好意思说"不"。如果你看懂了你的老板是什么类型的，就好对付了。不被威严吓倒，不被笑面迷惑，出错的概率就减低了。

2. 保持冷静的头脑。老板的某些指令，你凭直觉就能知道是错误的，不可执行的，那就坚决拒绝。而有些指令，经过老板的伪装，让你一时感觉不出来，你就要冷静地思考，权衡利弊。确定是该做的，就毫不犹豫地去执行。如果是不应该做的，还将对自己产生后患，即使是接受了，也要想方设法推掉。

老板永远是以个人利益为主的，如果他利用你的忠诚去做不该做的事，一定拒绝。没有任何借口，因为你是自己的，要对自己负责。

第八章

海纳百川的胸怀

每个人都渴望成为最好的自己，有的人成功了，有的人还在努力。成功者之所以成功，不仅是因为他们拥有超越常人的才华，更重要的是他们拥有海纳百川的胸怀。他们能容得下别人的不完美，也能容得下自己的不完美，并且能与别人一起打造完美的人生。

01 宽容他人的冒犯

法国 19 世纪的文学大师雨果说过："世界上最宽阔的是海洋，比海洋宽阔的是天空，比天空更宽阔的是人的胸怀。"

只有心胸宽阔、豁达友善的人，才能容忍别人的缺点和错误，才能与不同性格、不同层次的人建立良好的关系，才能得到他人的信任、支持和帮助。

君子对于手下人的无心之过，总是能够加以包容。唐人裴行俭，字守约，唐高宗时任吏部尚书，他拥有皇帝亲赐的宝马和珍贵的马鞍，手下的小吏私自骑马出去，马摔了一跤，马鞍也摔坏了，小吏因恐惧而逃跑了。裴行俭把他召回来，并没有怪罪他。裴行俭还曾率兵平了都支李遮匐，获得许多瑰宝，不计其数。于是设宴请客，把所获珍宝全拿出来给在座的人看。有一个玛瑙盘，直径有二尺，光彩照人。手下人小跑，跌了一跤，把盘子摔碎了，惊惶失措，赶忙叩头谢罪，头都流血了。裴行俭笑着说："你并非故意的。"没有责怪他。

不计较下属的过错，才能赢得下属的忠心。南朝梁代人羊侃，字祖忻，是泰山梁甫人。先前做过北魏的泰山太守，因为他的祖父羊规曾做过南朝宁高祖的祭酒从事，所以羊侃想回南方。于是就南返，到涟口时，大摆宴席。手下宾客张孺才喝醉了，船上失火，烧了周围七十多条船，烧毁的金银布帛不计其数。羊侃听说后一点儿也没挂在心上，让大家继续喝酒。张孺才惭愧恐惧而逃跑了，羊侃派人宽慰他，并让他回来，还像原来那样对待他。后来羊侃回到南朝，做了南梁武帝的军司马。

很多时候，别人不小心冒犯了你，并非出于故意。如果你“尊严大怒”，恶意斥责，不仅会让对方下不了台，也会显示出你的粗野蛮横、小肚鸡肠。这样，不仅当事人会对你失去好感，其他人也会因此而与你保持距离。相反，你如果能在关键时刻宽容对方，给他一个台阶下，他常常会对你异常感激，并以某种方式来回报你。

晋代谢万是谢安的弟弟。谢万和蔡系争座位，蔡系把谢万推下座位，帽子和包头巾都弄掉了。谢万慢慢起来，整理一下衣服重新入席，说：“您几乎弄伤了我的脸。”蔡系说：“本来没想到会弄伤你的脸。”此后这二人都不把这事挂在心上，当时人都称赞他们。

“金无足赤，人无完人。”每个人都不可能完美无缺，马有失蹄的时候，人也不可能不犯错误。原谅别人的错误，并帮助他认识到自己的错误，这才是聪明之举，才能获得别人的真心诚意。

02 走出生命的低谷

不同的人生态度会造就完全不同的人生风景。乐观者能从低谷中看到希望，悲观者背向阳光，只看到自己的影子。一个悲观的人往往在行动前就认定自己无可挽救，然而，更悲哀的是他已经习惯了在这样的思维模式下封闭了所有的路。

工作低潮时，人们常连续几天都无法入眠，而早晨又常在恐惧中惊醒，心中仿佛有块沉重的大石头压着。时常面对着什么发呆，脑中一片空白，没有办法打起精神来工作，总是觉得无所适从。对手头的工作产生极大厌恶感，并对同事有不满情绪，有一种快被逼疯了的感觉。与人交谈心不在焉，跟不上话题的节奏，也对周围事物毫无兴趣。当然，不同的人表现也不一样。但有一点是相同的，那就是工作无激情。

如果你正处于工作低潮，不妨尝试以下走出低谷的办法：

1. 多一点激情，少一点牢骚。美国文学家爱默生曾说过：人如果没有热情是干不成大事业的。大诗人乌尔曼也说过：年年岁岁只在你的额上留下皱纹，但你在生活中如果缺少热情，你的心灵就将布满皱纹了。与朋友们聚在一起发牢骚是处于低潮时最常见的现象，但这并不能解决什么问题，与其这样，还不如打起精神来做点自己喜欢的事情。

不论你有什么头衔，或有多大权力，多少报酬，也无论你是做什么职业的，都需要有激情。有了热情，就能从工作中找到机遇，把陌生人变成朋友，你会爱上自己的工作，主动去帮助或成就别人。有了激情，就能充分利用闲暇来做自己想做的一切，如你可以成为出色的画家或一名优秀的书法爱好者，也可以成为一个业余的演出者。焕发工作激情最有效的方法就是营造一种良好的氛围。许多专家认为，效率高的工作场所，每个小时至少都会传出 10 分钟的笑声。因此，不妨尝试在工作的地方制造乐趣，即使是个小玩笑，起码也有益健康和快乐工作。开明的上司绝不会反对这种做法。

2. 多一点计划，少一点梦想。没有目标，工作起来就会漫无目的，一事无成。因此，你必须先弄清自己工作的意义。一旦确定目标，强烈的工作动机就会让你充满激情和活力。要考虑清楚自己所追求职业的目标。最好把自己的工作目标写下来，包括近期的和长远的。这样你就清楚自己该做什么、先做什么，一步一步去追求自我价值的实现。

比如自己目前正处在一个低级职位，或只是一名预算员，你可以寻找一条能帮助自己达到另一职位的晋升之路。那么，这条路该如何走？谁能帮助你？该怎样接近他？是不是可以先调到另一部门，或者先找机会进修，然后再提出要求；你也要找出妨碍你日后发展的不利因素，寻求解决的途径，扫清前进路上的障碍。要知道，循序渐进是改变不称心工作的最好方法。

还要寻找工作以外的成功，不要只把来自办公室的成绩看成真正的成功，唯有工作上春风得意时才会高兴，而一旦工作遇到问题，就感到无法忍受。这太狭隘，也容易因工作中受挫而一蹶不振。

抽出一些时间和精力培养其他方面的兴趣，例如读书、画画或学习陶艺等。这不仅能使心灵与精神有所寄托，更会让你拥有另一个成长的空间，给你带来工作以外的快乐。著名大提琴家卡萨尔斯 90 岁高龄的时候，还每天坚持练琴 4 ~ 5 小时，当乐声不断地从他的指间流出时，他俯曲的双肩又变得挺直了，疲惫的双眼也又充满了欢乐。美国堪萨斯州威尔斯维尔的莱顿直至 68 岁才开始学习绘画。但她对绘画表现出极大热情，并在这方面获得了惊人的成就。

3. 多一点行动，少一点借口。寻找借口是最具破坏性、最危险的恶习，它使你丧失了主动性和进取心，也会让你在寻找借口的过程中荒废了事业。把事情“太困难、太耗力、太费时”等种种借口合理化，不仅使你一事无成，还会让你失去生活的乐趣。

找到借口的唯一好处是能在心理上得到暂时的安慰，而自己的过失却丝毫无法掩盖掉。长此以往，因为有各种各样的借口可找，人就会变得懒惰，再没有进取心，也不会想方设法争取成功，而是把大量的时间和精力都放在寻找借口上。一旦有了借口作盾牌，遇到困难，就会陷入困惑，不仅找不到出路，连掩盖错误的能力都没有了。

歌德说：把握住现在的瞬间，从现在开始做起。只有勇敢的人身上才会赋有天才、能力和魅力。因此，只要做下去就好，在做的过程当中，你的心态就会越来越成熟。唯一的解决良方是行动，赶快行动。如果你想进修，就立刻报名去，不要推到明天；如果你想找上司沟通，马上给他打电话预约。

4. 多一些宽容，少一些责难。人生总会遇到曲折、坎坷，无人例外。可我们不能因为有曲折有坎坷就束起自己的手脚，什么事都不做了。活着就要与形形色色的人打交道，烦恼就会不期而至。喋喋不休地责难又能怎么样？问题不能解决，照样痛苦。除了积极想办法去化解，还需要有宽容之心。宽容为怀是解决问题的最好途径。对不同的观点、行为要予以理解和尊重，即使自己有理，也不可咄咄逼人，寸步不让，应该尊重他人的自由选择。

学会宽容自己。当遇到挫折的时候，要保持良好的心态，要有战胜困难的信心和勇气。跌倒了，不要趴在地上哭泣，站起来继续往前走；走错了，不要在原地徘徊，迎着北斗不动摇。总是沉浸在痛苦中自艾自怨，不能自拔，空耗时光和感情，最终还是一无所获。正所谓“进一步山穷水尽，退一步海阔天空”。

成功总是属于充满激情的人，要想成功，请先点燃你的激情。

03 人人都有犯错的时候

生活中，总会有一些人整天为过去的错误而悔恨，为过去的食物而惋惜。然而一味沉溺于过去的错误之中，无论对于事业还是生活，都是一大障碍。

假如一个错误导致你挨了老板一顿责骂，甚至降薪降职。你很后悔：明明是可以避免的，并不是自己故意造成的。而导致你后悔的原因大致可分为两种：一是在做出决定之前对可能出现的消极后果虽有所预知，但由于忽视问题，没能采取必要的预防措施。在这种情况下，决策者会因为你已经接近成功了，只因一念之差发生了重大错误而后悔莫及。另一种源于盲目乐观，在制定行动方案时，有意回避不利因素的影响，或对未来的困难、风险及不利条件估计不足，因此，出现了问题，你只有惊恐，即使能慌忙补救一下，也收不到任何效果。这种慌不择路的做法，必然造成不良后果。

从心理角度分析，导致决策失误不外乎以下四种心理因素：

1. 是在没有选择的情况下做出决定。决策的第一原则就是：在没有出现不同意见之前，不做任何决策。当你搜寻各种可能性，但只发现了一个可接受的方案时，又得不到任何别的可能信息，于是就可能迅速采纳这个方案。如果这个唯一的方案也很危险，且代价又很大，你就会认为自己已山穷水尽，没有选择的余地了。结果便陷入不能自救的局面，只能任由事物向更坏的方面发展而追悔莫及。

2. 你不是没有意识可能带来损失，而是觉得损失不会马上出现，或者出现的可能性不大，你还有充裕的时间或可能措施来补救，低估了损失的严重性。

3. 你可能认为自己的决定如果失败，也只是局部的，对全局主体，对自己的名誉和周围人不会造成太大影响，这样就容易陷入盲目乐观，从而导致后悔的事出现。

4. 在决定行动前，如果你确信不会再发现新的信息或新的可能性出现，你就会默认现实的选择，不再理睬可能出现的后悔。这是信息不完善造成的。

莎士比亚说："聪明人永远不会坐在那里为他们的损失而哀叹，却用情感去寻找办法来弥补他们的损失。”想要把自己的潜能发挥出来，取得事业的成功，必须勇于忘却过去的不幸，重新开始新的生活。

真正有了过失，也不要一味去后悔，忘记了自救。反思后悔的根源，找出造成失误的原因，才是你所要做的。在陷入极度后悔的状态时，应积极采取挽救措施，但不应彻底遗忘后悔的情绪。健忘正是屡犯相同错误的根本原因。在面临与过去相似的选择时，一定要仔细地研究过去失败的教训，积极地吸取这些教训，从而避免犯相同的错误。正所谓“吃一堑，长一智”。

人生的路很长，也很短。珍惜现在，珍惜今天，擦亮眼睛不要活在过去的喜悦和悲痛中，只有把握好现在，才能给明天带来一次又一次的振奋，成功，骄傲……

因此，过去的就让它过去，我们只抓住现在，珍惜今天的拥有，只要做好现在的事情，就一定会拥有一个美丽的明天。

04 聪明的人不抱怨

人们在遭遇挫折与不当待遇时，难免会发出不平之声，希望能引起别人的注意和同情。不过，当一个人不断地抱怨和指责别人时，反而很容易让人反感，产生负面效果，也容易丧失别人的信任。

天下伯乐极少，千里马也极少。韩信不遇萧何，只有做马夫；刘备找不到孔明，也只得徒呼无奈。据说世界上被埋没的天才超过被发现的天才的100倍。可见怀才恰遇伯乐的事情，真是少之又少，你真不必大惊小怪。

事实上，在大多数情况下，才无非是人们谋生的一种技能。只要能满足自己的生存状态，就不会有怀才不遇的感叹。之所以有这样的感觉，是因为你把自己定位得太高，脱离了实际。在一个组织里只有一个CEO和一部分高层领导人，而具备这种能力的人很多，难道大家都去怨天尤人，抱怨怀才不遇吗？有比喻说一个人学成了一种技能，恰似完成了一种产品，而社会的运转对各种技能的需求就是市场，产品与市场的关系是供与求的关系。怀才之人与社会需求的关系其实很简单，也是供与求的关系。如果一个人学成的才能恰好为社会所紧缺的，又何愁不遇伯乐？所以在美国拿绿卡，大厨优先于科学家毫不奇怪，因为在美国此时缺的就是会做中国菜的大厨，而不缺博士，即使你是科学家，也只有干瞪眼的份儿。这个比喻再恰当不过了，事实就是如此。

遇到问题时，要先从不抱怨做起，冷静地分析问题。因为抱怨永远解决不了问题，只会把事情弄得更糟。

古时有一位妇人，特别喜欢为一些鸡毛蒜皮的小事生气。她也知道自己这样不好，可就是改不了。某一天，她听说有一位得道高僧很有办法，便决定去向高僧求救，希望高僧为自己谈禅说道，化解抱怨的心理，开阔心胸。

当高僧听了她的讲述后一言不发地把她领到一座禅房中，落锁而去。

妇人看见高僧不说一句话就把她锁在房中，气得跳脚大骂，并抱怨自己为什么要到这鬼地方受气。她骂了许久，见高僧不理会，便又开始哀求，可高僧仍置若罔闻。最后，妇人终于沉默了。

这时，高僧来到门外，问她：“你还生气吗？”

妇人说："我只为我自己生气，我怎么会到这地方来受这份罪。"

"连自己都不能原谅的人又怎么能远离抱怨呢？"高僧说完拂袖而去。

过了一会儿，高僧又问她："你还生气吗？"

"不生气了。"妇人说。

"为什么？"

"生气也没用。"

"你的怨气并未消失，还积压在心里，爆发后将会更加剧烈。"高僧说完又离开了。

当高僧第三次来到门前时，妇人告诉他："我不生气了，因为不值得气。"

高僧笑道："还知道不值得，可见心中还有衡量，但还是有气根。"

妇人问高僧："大师，什么是怨气？"

高僧没有回答，只是将手中的茶水倾洒于地，说道："什么是怨气？怨气便是别人吐出而你却接到口里的那种东西，你吞下便会反胃，你不看它时，它便会消散了。”

妇人沉思良久，终于领悟了真谛，对大师说道：“刚刚我有怨气吗？好像没有吧。”大师笑道：“看来你真的领悟了。”说罢，开锁而去。

在漫长的人生旅途中，我们要承担着许许多多的义务和责任，由此也会衍生出无数的烦恼与忧愁，也就难免有这样或那样的痛苦让人心生抱怨。抱怨是一种心病，是一种习惯，要想化解它，重要的是学会自我调节，维持心理平衡。需要经常发泄的人，可以往自己的卧室中挂一个沙袋去施展拳脚，把心中所有的不平与愤怒统统让它去承受，然后使自己的心态保持平静。

05 工作不是你人生的全部

和朋友在一起，大家都会说，工作着是幸福的，可是不知为何，你总是体会不到这种幸福的感觉。没日没夜地加班，拼尽全力工作，本以为生活可以更好一些，可一路走来，真心相爱的女友离开你投入了别人怀抱，好友全戴上面具，难辨其庐山真面目，现在你只剩下所谓的战果和冷冰冰的钞票。

我们提倡努力工作，业绩非凡，但工作毕竟不是生活的全部。如果把工作作为生活的全部，变成了工作狂，无论你是老板还是打工者，相信没有多少人会喜欢你，而你也会失去生活带来的乐趣。这样的生活怎么能幸福？

对于工作与生活之间的平衡，美国知名的媒体记者乔·罗宾森认为，其实一大部分取决于你想要掌控自己生活的决心与意愿。俗话说，真理与谬误只差一步，改变就在一念之间，工作者本身对于自己的时间有更大的影响能力。

无论加班情况是与工作计划的截止期限有关，还是来自于上司的直接要求，或者是因为没有人准时下班，所以你也不敢离开，你都要把持住自己，努力着眼于具体的工作成果而非外在表象，并且确定老板知道这些成果。不要被任何理由所牵绊，而把自己留在办公室受煎熬。业绩不全是靠加班加出来的，高效高质与低效低质，你说老板会表彰哪个？

加班并不是每个员工的必要职责，你有理由说不。你必须据实告诉老板工作过量的状况，提出你认为可行的解决办法。当然，沟通技巧是解决问题的一个关键，说不，也要讲究策略。你可以建议通过改进工作方法、程序等来提高效率，这样既表明你的积极态度，又不会得罪老板。切记不要采取对抗的姿态，应该以合作的态度共同协商出双赢的结果。

越来越多的人发现自己似乎正在与一台机器竞赛，夜以继日地疯狂工作。事实上，你完全可以停止这种紧张，因为工作不是生活的全部。你可以规划一下自己的生活，了解哪些是必须的、重要的，哪些是可以忽略的工作。然后做一份时间明细表，记下自己每天花掉的时间。在这个过程中，你会发现很多时候是你没有必要浪费的时间，这样你就可以找出问题的关键，重点解决，从而给自己留出休闲时间。

现代职业人的自我管理中，一项很重要的内容就是健康管理。身体是革命的本钱，身体垮了，任何东西都会失去意义，你根本没有必要为了证明自己的价值而牺牲时间和健康。当你一如既往地把生病当成对工作的干扰时，你不妨换一个角度去想，比如将疾病视为使你能够恢复体力的机会。

虽说老板拥有相当大的权力，但事实上，你也不是奴隶，在职场中你也拥有自己的一些权利，你自己也许并不知道。比如休息的权利。要善用这些权益保护自己，最好方法便是先了解它们的内容，比如了解公司的休假政策、政府的法律法规等。在提出任何要求之前，你必须做好充分的准备。

如果你正在做的工作还没有做完，上司又派下任务来，似乎你是一台不知疲倦的机器。你当然不可能同时承受这么多的工作，怎么办？这个问题很有可能是出在你自己身上。上司知道你的任务如此多吗？或许他早就忘记之前已经交代给你很多工作了。这时你需要提醒上司。当然并不是立刻拒绝。你可以这样问他：先前正在做的是暂缓还是放弃？先做哪些？这样上司就能够明白你的意思。

休息是为了更好地工作。你有理由提出这样的要求。一般情况下，老板是能体谅的，除非老板是个工作狂，也想让下属做工作狂。但你必须证明自己有能力在休息之后更好地准时地完成工作。更重要的是，要让老板明白，这些必要的休息时间将使你恢复活力，你的工作效率和质量都会因此而提高。

如果你真心实意地生活，就能感觉到心满意足，生活似乎总是称心如意。你能掌握命运、充满自信并且实现目标。你能感受到内心的喜悦与宁静。你是那么活力充沛！

真心实意地生活让你关注你生命中最重要的东西。这样你的视线便会逐渐远离纷争，转向对你而言更为重要的事情……

不管你知道与否，你生命中最重要的关系之一就是你与心灵的关系。关爱心灵，把你所有的经历，全部的经历，当作滋养心灵的机会吧。

第九章
在反思中走向成功

人不能一味地苛求自己，认为不完美就没有价值了。但人要经常反思自己的所思所行，这样才会有勇气接纳别人的意见，校正自己的言行，更好地与人合作，更早地迎来成功。

01 不要戴上“完美”的枷锁

生活不可能完美无缺，也正因为有了残缺，我们才有梦、有希望。当我们为梦想和希望而付出我们的努力时，我们就已经拥有了一个完整的自我。

传说有位渔夫打鱼的时候，意外得到一颗圆润的大珍珠，但美中不足的是珍珠上有个小黑点。他想如果能把小黑点去掉，珍珠就可以变成无价之宝了。于是渔夫就用刀子往下剥，可是剥一层，黑点还在，再剥一层，黑点依旧。就这样一层一层剥到最后，黑点被剥光了，珍珠也没有了。事实上，黑点正是珍珠浑然天成不着痕迹的可贵之处。美在自然，在质朴，在真切。渔夫想追求完美无瑕的极致，在他消除所谓不足的同时，美也消失在这种追求中。美的真正价值不在于它的完整，而在于那一点点残缺。

完美主义有各种各样的表现：如有的人不允许自己在会议上讲话时出错，可一发言就紧张，结果越紧张就越出错，形成恶性循环；有的人不允许自己的工作出一点纰漏，结果越担心就越出问题，最后把自己累得半死，错误也没有避免。追求完美的人才是真正的弱者，他们甚至弱到缩手缩脚，患得患失，担惊受怕。完美主义者的问题正是在于恐惧缺憾，害怕失败。

不要希望事事都顺心如意，但求问心无愧！现实生活中，没有任何一样事物是完美的，包括我们自己，得到的越多，失去的越多。因为生活中的种种原因，也许会带给我们很多的不如意，可只要自己尽力了，也就足够了。无论何时都应记住：这世间没有完美，无论人或事，我们能做到的，只有尽量向完美努力，因为这样的生活才有意义，而不是非得到完美不可。

完美主义是一把双刃剑，有利也有弊。一方面它使人不断向上，向更高的目标冲刺；另一方面它又是一个沉重的包袱，压得你喘不过气来，行动上自然受到阻力。在现代社会，完美主义者一方面要承受来自客观的多方面压力，另一方面还要承受自我给予的主观压力。这种局面势必造成自己对现实的无能为力，从而变得急躁、自卑，甚至急功近利。不仅使本人觉得痛苦，更影响周围的人，让周围的人都感觉尴尬。

把自己分内的工作做得尽善尽美，感情上是可以理解的。但是，有时候把工作做得完美反而会成为你前进的绊脚石。从一个独特的角度看，工作太完美而没有任何错误常得不到晋升的机会，因为你没有任何疏忽、失误，上司很难发现你。即使引起他的注意，也可能因为你做这项工作的出色而使上司认为你非常适合目前的职位，那么你的晋升机会便遥遥无期了。

世间没有完美，任何事物都不例外！认识自我，是不以己之长，比人所短；也不妄自菲薄，顾影自怜。要知道，这世间没有完美，所以，每个人都要快乐地做好不完美的自己。刻意地追求完美，只会让自己徒生烦恼。

当然，接受一项重任，理应尽可能地做得完美些。但不能为完美所累，更不能因追求完美的细节而因小失大，忽视了重点。工作中要懂得抓重点，对于例行的繁琐工作，对公司的发展不具决定性作用的事务，追求一般就行了。凡事要分清主次，不能眉毛胡子一把抓，等同用力。

人生的道路是漫长的，每个人都不可能成为完人。就算世人都知道什么是完美，世间也没有完美，不要追求完美，有时残缺也是一种美，月有圆缺，人无完人，不要刻意计较是对是错，吃一堑，长一智，跌倒了爬起来，尽到努力就不后悔。

02 正面感觉不到美时，就欣赏侧面和背影

古代有一个女子，绰号叫“三条人命”。这奇怪的名字来源于她的长相。从前面看，她五官错位，极端丑陋，能吓死人；从侧面看，线条优美，能迷死人；从背影看，风姿绰约，能美死人。

每个人身上都有缺点，你不能只盯着别人的缺点，而不去欣赏别人美好的一面，这对他是不公平的。即使你有洞察别人不足与失误的天赋，也没有理由拿自己的标尺去批评他人的行为。

有人说，橘子就是橘子，不是苹果。这话很有道理。不能因为你觉得橘子酸、不喜欢橘子，就要把橘子甚至你不喜欢的所有东西都变成苹果。你必须转换自己的思想，以现实的眼光看待他人，把你周围的每一个人都看做世界上最重要的人。

在公司里，每一个人对你都很重要。说不定什么时候他就会对你产生帮助，

也许哪一天你不喜欢的那个人就成了你的上司。即使情况很糟糕，也不要采取过激的行为。比如有人因为误会、嫉妒或是自大而对你产生敌意，在工作上不配合，背后还散布一些谣言。此时若一怒之下，当面对质，对方可能矢口否认，非闹僵了不可，影响了工作的开展。最好的办法是及时与上司和同事心平气和地沟通。选个合适的时间和场合，把自己的情况和想法摊开来，让对方自己去想。注意不要用攻击性的语言去针对某人，更不能指名道姓地说出来，要给对方留足面子，达到澄清事实的目的就行了。千万不要怀着报复的心理，否则，会使倾听者误以为你是在指桑骂槐，这样反而更容易把事情弄得不好收场。

得知有人对你怀有敌意，故意中伤你时，也不必惊慌失措，愤愤不平。首先对自己进行一番反省，想想平常在工作中是否有得罪对方之处。如果问题不是很严重，就不要争执，在以后相处时，多几分谨慎，少说些容易引起误解的话就可以了。知道是一回事，说不说又是一回事。这样，有助于你在人际交往中更为成熟、稳妥。多一事不如少一事，把时间和精力放在事业上，把工作做得更出色，比浪费在无谓的人际纠纷上更有价值。

如果非要弄清楚，可以采取迂回战术，不妨通过你们都能接受的人为中间人代为传话，以化解或是中止敌对情绪。一方面可以把自己的想法和事实传达给对方，起到澄清真相、消除误会、沟通了解的作用；另一方面也让对方知道，你已经了解到他的所作所为，从而起到警示作用，使对方有所收敛。这种方式产生的效果会比直接对质要好得多，大家都不会因此而受到伤害，问题同样也可以解决。

我们对生活的期望值不能太高，对别人的要求也不能太多。当有不如意的事发生时，你要告诫自己：这很正常，世界就是这个模样，人们就是这个样子，就像苹果就是苹果，橘子就不是苹果一样，这很正常，生活正因为这样才如此丰富多彩。

卡丝·黛利和同事经常抱怨老板既无能力又为人苛刻。可他们的老板看上去却比她们职业得多，总穿着笔挺的西装，头发梳得一丝不乱，很注意自己的形象。甚至通宵加班结束时，员工们个个精神萎靡，唯有他，西装还是笔挺笔挺的，头发仍然一丝不乱。由于他不善于管理和经营，所以，尽管大家百般努力，公司仍然无法摆脱倒闭的命运。公司宣布解散的那一刻，员工都无精打采地收拾东西，老板来为大家送行，他依然和从前一样，一丝不苟的衣着和发型，精神一点也看不出消沉，微笑着祝福大家走好，希望大家经常联系，做朋友，一点也没有失败者的萎靡不振。这给了大家很大的震动，原来，失败的姿势也可以是昂首挺胸的。从那以后，卡丝·黛利也特别注意自己的仪表，不管走到哪里，遇到什么困境，都保持高度的自信。这不是爱美，而是为了体现自己的尊严。老板让卡丝·黛利知道，在人生中，即使是失败，姿势也必须是完美的。

理智地思考问题是抑制自己偏激的言行发生的最好方式。遇到问题，不要急着去分辨，先把出现的问题弄清楚再下手也不晚。急于指责他人，看起来主动，实际被动，如果对方一口否认，你有证据吗？要学会用逆向思维和发散思维去思考问题，也可以换位思考，甚至还可以学学阿 Q 的精神胜利法来点自我安慰。

如果自知怒气难平，那就赶紧离开是非之地。想办法找个清净之地，比如到山上、河边或公园走走，看看外面的景色。你就会发现，人生需要做的重要的事很多，为这些小事和是非之人大动肝火、耗费精力太不值得。等你的心情好起来，然后再回去慢慢处理那些不如意的事情。

如果你很容易看不惯别人，或经常发现别人的错误，那就要反思一下自己。也许那就是别人的习惯，也许别人也不想犯错误。不要以为别人本质就是那样的。你看不惯他，也许他也看不过你。你可以站在他的角度，很投入地去扮演那个人的角色，想象他当时会怎么想，怎么感受，怎么做。这样，你就能够懂得尊重的真谛至少是容忍别人。

每个人都有自己的优缺点，学会欣赏就没有苦恼了。如果你不想和自己过不去，遇到“三条人命”那样的人，那就去欣赏她的侧面和背影吧。

03 驱除消极的思想

对事物的看法，没有绝对的对错之分，但有积极与消极之分。而且，每个人都必定要为自己的看法承担最后的结果。

消极思考者，对事物永远都会找到消极的解释，并且总能为自己找到抱怨的借口，最终得到了消极的结果。接下来，消极的结果又会逆向强化它消极的情绪，从而又使他成为更加消极的思考者。

大凡成就伟大事业的人，都有一种积极的思考力量，凭借着创造力、进取精神和激励人心的力量在支撑和构筑着所有成就。一个精力充沛、充满活力的人总是创造条件使心中的愿望得以实现。

从前有个小村庄，村里除了雨水没有任何水源。为了解决这个问题，村里的人决定对外签订一份送水合同，以便每天都能有人把水送到村子里。有两个人愿意接受这份工作，于是村里的长者把这份合同同时给了这两个人。

得到合同的两个人中有一个叫艾德，他立刻行动了起来。每日奔波于几千米外的湖泊和村庄之间，用他的两只桶从湖中打水并运回村庄，并把打来的水倒在由村民们修建的一个结实的大蓄水池中。每天早晨他都必须起得比其他村民更早，以便当村民需要用水时，蓄水池中已有足够的水供他们使用。由于起早贪黑地工作，艾德很快就开始挣钱了。尽管这是一项相当艰苦的工作，但是艾德很高兴，因为他能不断地挣钱，并且他对能够拥有两份专营合同中的一份而感到满意。

另外一个获得合同的人叫比尔。令人奇怪的是，自从签订合同后他就消失了。

比尔干什么去了？原来他通过积极思考做了一份详细的商业计划书，并凭借这份计划书找到了4位投资者，和比尔一起开了一家公司。6个月后，比尔带着一个施工队和一笔投资回到了村庄。花了整整一年的时间，比尔的施工队修建了一条从村庄通往湖泊的大容量的不锈钢管道。

这个村庄需要水，其他有类似环境的村庄一定也需要水。于是经过考察，比尔重新制订了他的商业计划，开始向全国的村庄推销他的快速、大容量、低成本并且卫生的送水系统，每送出一桶水他只赚1便士，但是每天他能送几十万桶水。无论他是否工作，几十万的人都要消费这几十万桶的水，而所有的这些钱便都流入了比尔的银行账户中。显然，比尔不但开发了使水流向村庄的管道，而且还开发了一个使钱流向自己的钱包的管道。

从此以后，比尔幸福地生活着，而艾德在他的余生里仍拼命地工作，最终还是陷入了“永久”的财务问题中。

多年来，比尔和艾德的故事一直指引着人们。每当人们要对生活做出决策时，这个故事都会提醒我们，“磨刀不误砍柴工”，积极的思考比苦干更重要。

拿破仑·希尔曾说，获取积极思维的过程就是一个“打地基”的过程，虽然艰难，却很重要。当你养成积极的思维习惯，你就具有了成功的基础。

纵观古今，勤奋的人不计其数，但在事业上获得成功的人却不是很多。那是因为很多人都不能积极地思考。与此相反，如果你能在日常的生活与工作中养成积极思考的习惯，你会发现人生的出路很多，成功绝对不只是梦想。

04 校正每一步，路才不会走弯

“人有失足，马有漏蹄。”同样，在人际交往中，无论凡人还是伟人都免不了发生言语失误的情况，这或多或少会给人际交往带来负面的影响。因而为了使错误能够及时得以补救，创造良好的人际关系和心境，最要紧的是掌握必要的纠错方法。

工作中，你应该特别注意从以下细节来检讨自己，看看你的步子是否已经偏离了正途。

1. 是否经常背地里算计别人。算计别人是职场中最危险的行为之一，任何人都对这种行为极端痛恨。轻则被同事所唾弃，重则失去饭碗，甚至身败名裂。如果你经常抱着把事业上的竞争对手当成仇人、冤家的想法，想尽一切办法去搞垮对方，你就有必要检讨自己了。算计别人如果衍化为一种习惯，那就更危险了，总有一天会被淘汰，因为组织里绝不允许有这种行为的人破坏公司的秩序。算计别人的人，总有一天会被别人知道，人家也会用同样的方法来对付你。

2. 是否经常带着情绪工作。有些人看到自己不喜欢的人或事情就明显地表现出来，喜、怒都形于色。比如你在家里有不痛快的事却在办公室里流眼泪等。尽管这可能出于你的天性，但如果不克服掉，也会给你的职业生涯带来危害。每个人都有自己的喜好，自己不喜欢的人或事，要尽量学会包容或保持沉默。因为你的好恶不一定合乎别人的标准，如果你经常轻易地评论别人，一样会招致别人的厌恶，造成自己树敌过多，在办公室的处境越来越艰难。如果学会包容别人，就会赢得别人的支持与尊重。把不满或其他不利于工作的情绪直露出来，说明你还不够职业化，不懂得把自己的生活与工作分隔开来。

3. 是否经常向别人让步。同事相处除了互相支持，还有互相竞争的时候。如何看待和处理这种关系，至关重要。恰当地使用接受与拒绝是调整这种关系的有效手段。一个只会拒绝别人的人，一定会招致大家的排斥。而一个只会向别人让步的人，不但会被人认为没有能力而不堪重任，还容易被人利用，成为别人手里的一张牌，被随意使用。因此在工作中要注意，该让步时就让步，不该让就坚决不让。

4. 是否喜欢打探别人的隐私。在现代社会里，窥探别人的隐私已经被认定是个人素质低下、没有教养的丑行，令人深恶痛绝，连孩子都懂得去尊重别人的隐私。当然有许多情况是在无意间发生的，比如你偶尔发现了自己一个好朋友的怪僻，并无意间告诉了他人，造成了对朋友的伤害，失去了你们之间的友谊，这也是你的过错。偶尔的过失也许能够通过解释来弥补，但是，如果经常发生类似的事件，你就要引起重视了。每个人都有属于自己的秘密，除了学会尊重他人以外，在与同事的交往中还要学会保持适当的距离，不要随便侵入他人的私人领地，以免被人视为无聊之徒。

5. 是否拒绝同事进入你的生活。同事之间该不该有真诚的友谊？回答是肯定的。在你的朋友当中如果没有你的同事，就要反省自己了。离你最近的人都不肯与你做朋友，你身上肯定发生了问题，使同事远离你。和同事进行生活中的交往，比如一起出去郊游、一起打车上下班、一起参加聚会等，可以增进彼此的了解，促进工作的合作愉快，在生活上可以互相照顾。害怕与同事做朋友，不仅少了生活上的朋友，更少了工作上的支持与帮助。因为工作是由大家共同来完成的。与同事格格不入，关键时刻同事又怎会伸出援助之手呢？

职场中有许多规则需要遵守，如果你发现自己的行为与这些规则严重偏离时，千万不要固执己见，一定要及时校正自己的每一步，这样才不会走弯路。

第十章
卸下心灵的枷锁

成与败，得与失，苦与乐，一切都不过是你自己的内心体验而已。所谓境由心造，卸下心灵的枷锁，去掉乖戾、嫉妒、自卑、不满、傲慢的种子，种下快乐、忍耐、宽容、积极的种子，你收获的一定是幸福完满的人生。

01 坦然面对 成败得失

英国政治家兼诗人弥尔顿写道："在青年人的辞典中，根本没有'失败'这个词！"

成就大业不是轻而易举的事，要付出心血和代价，所以做事要谨慎小心，不可疏忽大意，一旦失败，也要能够经受住失败的考验，控制住危险和复杂的局面，尽力去维持现状，不能惊慌失措。失败本身并不可怕，可怕的是失败之后丧失了继续奋斗下去的决心和勇气。面对失败，不能气馁，要总结经险，继续前行。

对人生美好的东西心存感激容易理解，而对失败心存感激，却是只有大智大勇的人才能够做到。

爱迪生有句名言："失败也是我需要的，它和成功一样对我有价值。"爱迪生在发明蓄电池时，就曾经历了几万次的失败。但每失败一次他都总结出几种物质不能做蓄电池。就这样一次次失败、一次次总结、一次次排除，使他向成功的目标一步步迈进。就在他失败 4 万多次时，一位朋友来看他，为他的多次失败而惋惜。他却认为这是一种成功，因为他已总结出好几千种物质是不能做蓄电池的。

瓦伦达是美国一个著名的高空钢索表演者，在一次重大的表演中，不幸失足身亡。

他在事故发生前曾对他的妻子说，这次太重要了，不能失败，绝不能失败。而以前每次表演时，他只想着走钢索这件事本身，而不去管这件事可能带来的一切。

如果我们太重视所有权，那么我们对所享受的福利便会顾虑太多，就不能安然享受了；如果我们觉得青春消逝便不能生存，那么在没有过好日子以前便衰老了。如果我们认为没有健康便不能过活，那么小小的痛苦也会忧惧不已。只有懂得人家不向我欢呼，我仍能快活，才真正能体味到掌声雷动的快乐。当我们害怕之时，失败往往已经离我们不远了。

把失败看成一次成功的实践，从失败中有所收获，这是一种成大事者所具有的最佳心态，他们最懂得“失败乃成功之母”，还会在失败的教训中获益，然后从失败中走向成功，实现最辉煌的转折。

当一个人态度消极，把自己定义为一个失败者并不再反思和改变的时候，他就不可能获得成功。一个人要想获得真正的成功，就必须树立起正确的态度，理智地看待失败，并为接受未来可能的失败做好心理准备和力量储备。

学会坦然面对失败，有重新站起来的勇气，成功终将会属于你。

马登年轻的时候，曾经在芝加哥创办一份教导人们成功的杂志，当时他没有足够的资本创办这份杂志，所以他就和印刷厂建立了合伙关系。后来事实证明这是一本成功的杂志。

然而，他却没有注意到自己的成功，以及对其他出版商造成的威胁。在他不知情的情况下，一家出版商买走了他合伙人的股份，并接收了这份杂志。他离开芝加哥前往纽约，吸取了这次失败的教训后，他又创办了一份杂志。

为了要达到完全控制业务的目的，他必须激励其他只出资、但没有实权的合伙人共同努力。他还必须谨慎地拟订他的营业计划，因为现在他只能依赖自己的资源了。

别人想不到的是，就在不到一年的时间里，这份杂志的发行量，就比以前那份杂志多了两倍多。其中一项获利来源，是他所想出来的一系列函授课程，而这一系列的函授课程，就成了个人成功学的第一笔编纂资料。

每个人都想成功，但又都有可能遭遇失败。人在创业失败后，最重要的是做个输得起的人。

凡是胜利者，必定是经过了千辛万苦才最终获得成功。取得成功不容易，要保持它就更难。这是因为成功之后的喜悦常使人陷于骄傲自满的境地，失去冷静的头脑，不能正确地看待自己，也不能正确地看待对手。

有时候我们碰到的失败看起来是不能挽回的。其实，如果我们把目标弄明确，就会看到通向目的地的路不止一条。我们可以换一条路试试，也许能够出奇制胜，殊途同归。

正确看待失败，就是要我们以正确的态度去面对现实和未来的失败。把失败看做是一种提升的方式，一种进步的途径，一种学习知识、锻炼能力、积累经验、凝聚智慧、开发潜能的过程，利用它，而不是惧怕它。事实上，当一个人的态度变得消极的时候，他的失败就成为一种必然。而如果他在失败之后仍不能树立起正确的态度，那么他永远都不可能获得成功，因为他没有成功的基础。

美国著名成功学家温特·菲力说："失败，是走上更高地位的开始。"许多人之所以获得最后的胜利，只是受益于他们的屡败屡战。对于没有遇见过大失败的人，有时反而让他不知道什么是大胜利。通常来说，失败会给勇敢者以果断和决心。

如果经过一番艰辛的拼搏，事业仍然成功无望，这时当事人便应进行深刻的分析，到底是主观原因的影响还是客观条件的制约，并采取相应的对策摆脱困境。

有些事本来是可以成功的，但当事人或是办事方法选择不妥，有如缘木求鱼终不可得；或是有利条件利用不够，有如顺风行船只用双桨不扯帆；或是主观努力尚有欠缺，有如推车上坡进二退三，以致事业或开局不利；或半途受阻，或功败垂成。此时，我们必须找出主观原因的症结，然后对症下药，以求力挽败局。

爱默生说："伟大高贵人物最明显的标志，就是他坚定的意志，不管环境变化到何种地步，他的初衷与希望，仍然不会有丝毫的改变，而终至克服障碍，以达到所企望的目的。"

做好应对失败的心理准备，就是在为成功做准备，因为只有准备好接受失败的人，才有可能获得最终的成功。失败是尝试的结果，是努力的结果，如果你不愿尝试、不努力去做，你就连失败的机会都没有，更别说取得成功。

超前思考，变不利为有利。大凡人们办事，一般都会碰到一些有利条件，也会遇见一些不利因素。这时，我们就应超前思考，力争将不利因素转化为有利条件，为事业增添胜算。例如，成功的人往往把损失看得淡如云烟。他相信相对于整体而言，损失的不过是小小的局部。他们心胸开阔、襟怀坦荡，遇到烦恼也能够释怀，不会老是对自己怨艾和指责，知道谁都有犯错的时候。他们勇于承认错误，并宽恕自己和他人，用采取行动来挽回损失，满心喜悦地做着自己能力范围内的事。

生命中，失败、内疚和悲哀有时会把我们引向绝望。但不必退缩，我们可以爬起来，重新开始。

成功的标准和失败的定义都取决于每一个人自己，如果你认为自己是成功的，没有任何人能否定你；如果你认为自己是失败的，那你将更加失败，别人很难帮助你。成功和失败都是态度的体现，也是态度所产生的结果。

02 学会宽恕自己

人生一世，花开一季，谁都想让此生了无遗憾，谁都想让自己所做的每一件事都永远正确，从而达到自己预期的目的。可这只能是一种美好的幻想。人不可能不做错事，不可能不走弯路。做了错事，走了弯路之后，产生后悔情绪是很正常的，这是一种自我反省，是自我解剖与抛弃的前奏曲，正因为有了这种“积极的后悔”，我们才会在以后的人生道路上走得更好、更稳、更无悔。

每当有人纠缠住后悔不放，或羞愧万分，一蹶不振；或自惭形秽，自暴自弃，那么此人的这种做法就真正是蠢人之举了。

鲍尔一个月前在接女儿回家的路上发生了交通事故，女儿受了轻伤住进医院接受治疗。尽管医生说那孩子原先就有心脏病，这次事故不过是一个诱因，让她早些发作罢了，但鲍尔依然懊悔不已。他一次次到医院看望女儿，想帮她解除病痛的折磨，然而不幸的是，女儿很快被病魔夺去了生命。鲍尔无法接受这个残酷的现实，整天沉浸在深深的悔恨之中。他的公司业务开始滑坡，身体健康也受到影响，以至于回到家里依然无精打采。后来，他的秘书帮他预约了一位心理医生，开始时他还不想去，在秘书的劝说下才前往。经过几次的心理咨询，他逐渐认识到愧悔是毫无益处的，一切事物都应该往前看。从此以后他像换了一个人，除恢复了原有的业务以外，还设立了一个新目标：为患有先天性心脏病的儿童设立基金会，专门援助需要做心脏手术的患儿。

人的一生中都会犯很多次错误，要是对每一个过失都深深地自责，背着一大袋子的罪恶感生活，你还能奢望自己走多远？人生之帆，不论顺风还是逆风都要前进。宽恕自己，才能把犯错与自责的逆风，化为成功的推动力。

我们在踌躇满志时，往往不敢正视自己内心的愧疚、仇恨和羞辱；在垂头丧气时，却又不敢相信自己拥有的优点和取得的成就。我们应该实事求是地接受自己、了解自己所做的一切都不是十全十美的。很多人常常会过分严格地要求自己，凡事都希望完美无缺，这是不理智的想法。我们每个人都是一个综合体，在我们身上都有性格阴暗的一面。有时候我们希望支配他人、算计别人，快意于别人的苦痛，但这些恶劣品性是能够也必须服从于人格中善的一面。

古希腊诗人荷马曾说过：“过去的事已经过去，过去的事无法挽回。”的确，昨日的阳光再美，也移不到今日的画册。我们又为什么不好好把握现在，享受此时此刻所拥有的呢？为什么要把大好的时光浪费在对过去的悔恨之中呢？

覆水难收，往事难追，后悔无益。

道德上过于自负及苛刻的自我要求，都是内心世界的最大敌人。我们要学会适当地宽容自己，要知道我们不可能像天使那样纯洁无瑕，能认识到这一点，我们才能保持内心的平静。

把你的错误当做学习的机会，成长与增长见解的契机。告诉自己：“我虽然做错了，但没关系，下次我会换一种方式来处理。”长期下来，你会发现自己对人生的态度大大改观了。不过，它不会在瞬间一次就完成。

没有人会拿到100分，或接近100分。一般来说，重要的是，你已经尽力而为了，而且已经朝正确的方向前进。当你学会维持平衡，对自己保持宽容之心，即使你证明自己只是平凡人，你也已经向快乐的人生迈进了。

人生不能永远停留在懊悔之中，要坦然地面对现实，做生活的强者，把最美好的希望留在明天，而不是常常回忆已失的美丽。

03 怨天尤人没有任何意义

每天，你仿佛都在焦躁地等待，等待被委以重任，来施展你的抱负、尽显你的才华。你不甘于平庸了此一生，但机会却总不降临在你的身上。当每一天你所做的依然是些微不足道的小事时，你开始自怨自艾、怨天尤人，对待平凡琐碎的工作缺少热情，敷衍了事。殊不知，机会就在这些无谓的自怨自艾、怨天尤人中悄悄地溜走了。

智者善于以小见大，从平凡的琐事中领悟深邃的哲理。他们深知“细节决定成败”，不会将处理琐碎的小事当做是一种负担，而是当做一种经验积累的过程，当做是在为成就一番伟业而夯实基石。不厌其烦地拾起细碎的石块，构筑起来的却是高耸入云的大厦。只有站在大厦顶端俯瞰脚下的美景时，你才能够体味到这些小事的意义。正所谓：“不积跬步，无以至千里；不积细流，无以成江海。”而从来都不是一蹴而就的，而是一个不断积累的过程。

古人云：“一屋不扫，何以扫天下？”只想着做大事，而忽略了手中的小事情就等于幻想不切实际的未来。这种人不会追求成功的概率，而只会追求成功的效率，结果由于小事没有做好，效率也提升不上去，就导致了成功只能是望洋兴叹、海市蜃楼一样。

其实，更让人痛惜的是另一种人。他们平时勤勤恳恳地工作，并且卓有成效，成功已经指日可待，可仅因为一时的疏忽麻痹而与唾手可得的成功失之交臂。

有一个能干的年轻人，很快得到老板的赏识。老板已经决定要送她去哈佛培训一年，然后委以重任。可就在宣布这个决定的前一天，老板突然改变了计划。原因是老板查看员工食堂时，发现她吃完饭居然不去收拾桌上的饭粒和餐具。老板想：一个连自己生活都不能打理好的人，怎么能够担当工作重任呢？“千里之堤，溃于蚁穴”，就因为一次小小的疏漏，之前所做的种种努力都付之东流了。

一位志存高远的探险家发誓要攀登一座高峰。在长途跋涉中，恶劣的气候没有使他退缩，陡峭的山势没能阻碍他前行的步伐，难耐的孤寂没有动摇他坚定的信念，疲惫与饥寒没有使他畏惧。出人意料的是，只是因为鞋中落进的一粒沙，使他放弃了目标。他不知这粒沙子何时落入了他的鞋里，他觉得这粒沙实在是太微不足道了。比起他所遇到的其他的困难，那粒沙的存在又算什么呢？然而越走下去那粒沙越是磨脚，到最后，他每走一步都伴随着剧烈的疼痛。这时他才意识到这粒沙的危害，停下脚步，准备清除沙粒时却发现，脚已经被磨出了血泡。沙子虽然被清除出去了，可是伤口却因感染而化脓。最后，除了放弃已别无选择。

惋惜的同时，我们更应该做的是不要重蹈覆辙。不要轻视你身边的任何一件小事，即便是再简单不过的工作，也要把它做到完美、极致。只有笨蛋才会被一粒沙挡住成功的路。今天做别人不愿做的小事，明天就会得到别人得不到的东西。

每一件事都值得我们去做，而且应该用心地去做。不要小看自己所做的每一件事，即便是最普通的事，也应该全力以赴、尽职尽责地去完成。小任务顺利完成，有利于你对大任务的成功把握。一步一个脚印地向上攀登，便不会轻易跌落。通过工作获得真正的力量的秘诀就蕴藏其中。

04 经得起失败的人，才是真正的成功者

失败是通向成功的必经之路，只有经受失败，并能从失败中获益的人，才有可能获得成功。

爱德华·希拉里是登上珠穆朗玛峰的第一人。1953 年 5 月 29 日，他攀登上了海拔 8848 米的世界最高的山峰。为此，他被授予了爵士称号。然而，在我们阅读他的那本《极度艰险》以前，很难想象希拉里会取得这样的成功。1952 年，他尝试攀登珠穆朗玛峰，但没有成功。几周后，英格兰的探险队邀请他给队员们发表演说。希拉里走上讲台，台下响起了雷鸣般的掌声。观众们都认为他的这种尝试很伟大，但希拉里却认为自己是一个失败者。他离开麦克风，走到讲台边，握着拳头，指着一张珠穆朗玛峰的照片大声喊道："珠穆朗玛峰，第一次你打败了我，但是下次我一定能打败你，因为你已经长到了极限……而我还在不断成长！"

挫折是命运的考验，埋怨、沮丧、愤怒都是无济于事的。只有积极进取，面对挫折，投入全部的精力迎难而上，这样才能经受住考验，才是成功的真谛。

美国汽车工业的巨子福特曾经说过，他更愿意聘用那些有失败经历的人，没有遭受失败和挫折考验的人，他从来不敢委以大任。人一生中正确与错误相伴，成功与失败交织，每个人为了生存下去，必须经过严酷竞争的考验，稍有不慎，就有被淘汰出局的可能。成功与失败代表了人生的两个极端，但它们只隔咫尺，结果却有天壤之别，而它们又是如此的紧密联系，转换只在瞬间。没有永远的成功者，也没有永远的失败者。那些既经得起成功又经得起失败的人，才是真正的成功者。

成功源于态度。每一个成功者都可能经历过失败，但他们并不认为这是失败，并不认为自己不能获得成功，所以他们最后成功了。

纵观人类的发展史，充满了利用错误和失败来产生新创意的人。爱迪生在知道了上万种不能制造灯丝的方法后制成了灯泡；开普勒由错误的理论得到了行星间引力的概念。所以当出了差错，或者遭受了某种损失的时候，意志坚强者会从中吸取教训，想法补救，来扭转不利局面；而那些经不起挫折考验的人就会自怨自艾、沮丧、不知所措，从而丧失了成功的机会。有一位哲人说得很正确：成功是没有平坦的道路可走的，只有勇于面对现实，不怕失败的人，才能到达胜利的彼岸。实践中，要想把失败转化为成功，往往只需要一个想法和与之相配合的行动。

美国的西南部是大面积的沙尘，无数的农庄被沙尘摧毁了，人们被迫流离失所。沙尘日复一日、年复一年地吞噬着农庄，人类也与其进行了不断地战斗。

有一个20岁的男孩吉姆，他的父母与沙尘暴奋斗了一生。父母去世后，家里的担子便落在他的肩上。直到有一天，家里一粒粮食也没有了，他和妹妹面临着饿肚子的威胁。吉姆满面愁容地坐在院子里，无计可施。

这时，他年幼的妹妹走了过来，身边还跟着她的一个好朋友。妹妹希望吉姆给她一美元，去店里买饼干吃。

吉姆沉默了很久，他实在找不到任何一个拒绝妹妹的理由，但他确实没有一美元。

晚上，吉姆躺在床上翻来覆去睡不着，妹妹那失望的眼神总是在眼前晃来晃去。从小到大，他就经历着沙尘的考验，其间还经历了丧失父母的痛苦……但没有一次像今天这样，为了微不足道的一美元，他居然让年幼的妹妹失望，难道自己就这么无能吗……吉姆想了很久，他下定决心要改变这一切，并想出了整个行动计划。

吉姆的理想是当一名教师。父母去世之后，他为了打理农场，而留在了家中。然而沙尘暴的肆虐，靠农场已无法维持生活，他必须找一份工作。

第二天，吉姆就到镇上给自己找了一份临时工作。从此他白天上班，晚上便找来许多书，一直读到深夜，他希望在自己的努力下，有一天能得到他真正想要的工作——当一名教员。在他辛苦地努力下，他的目标终于得以实现——他如愿以偿地在一间乡村学校找到了一份教师的工作。

人生在世，每个人都必然会经历一些苦难，就像人生要经历许多喜怒哀乐一样。但是，生活会让你明白：在经历苦难考验的时候，人与人之间都是平等的。不管你是帝王将相，还是平民百姓，面对苦难、伤痛、失落所承受的折磨都是一样的。一个意志坚强的人，本身就有着强大的创造力，他们不会等着别人帮助、等着别人拉扯一把、等着别人的钱财，或是等着运气的降临。他们会抛弃身边的任何一根拐杖，破釜沉舟，依靠自己，赢得最后的胜利。

每个人对成功的理解都不同，衡量成功的标准也不一样，但成功对每一个人而言都是公平的，只要努力坚持，就能成功。

05 幸福是自己的，不要为他人而活

一个人的进步，从接受自己开始。积极地介绍自己，是正确人生态度的基本体现。

人们往往都有这样一种心理，希望给自己所遇到的每一个人都留下好印象，别人最好只是注意到自己的长处，同时忽略掉自己的短处。当察觉到自己

的某些言行给别人造成了不好的印象时，便整日忐忑不安，忧心忡忡。在说话做事时更加谨小慎微，生怕哪句话说错了，又会得罪了人。

其实一个人只要胸怀坦荡，乐于助人，即使偶尔说话不小心伤害了别人，别人也能够理解。因为大家在评价一个人时，总是根据累加起来的总印象，而不是以点概面去臆断。至于“说者无心，听者有意”，当然也是有的，但如果要完全避免这种情况，那就只好默不作声了。因此，过于看重别人的看法，既累人累己，又于事无补。

世间任何事情都没有绝对，而且正邪善恶互相交错。所以只要自己心中看得开就行了，何必在乎别人怎么看、怎么说呢？如果我们以别人的看法为指针，或存有这种潜意识，生活状态就会苦多于乐。毕竟不尽如人意的事情太多了，如果只为了别人而活，痛苦难过的只有自己。

过于在意自己在别人眼中的印象还会成为交流中的一大障碍，久而久之就会变成一种极大的压力，压得自己无法喘息。

有这样一则故事：

一个画家想画一幅人见人爱的作品。画好后，他决定拿到市场上检验一下。于是，他把画挂在市场上，并在画的旁边放上一支笔，写明“请在你认为不完美的地方做个标记”。

一天后，画家取回了画。天呀，画上到处都是标记。画家失望极了，原来自己的画就这个水平呀。但画家转念一想，不至于呀，自己好歹也是个专业画家，不会差到这个程度。

于是，画家决定再换另一种方法试试。

第二天，画家又描摹了同一幅画，然后挂在市场上，并写明“请在你认为最满意的地方做个标记”。

晚上，画家取回了画。看完画，画家笑了。原来，画上也涂满了标记，在原来不满意的地方，也被人做了最满意的标记。画家明白了，不论什么事，让所有的人都满意是不可能的，一人一个眼光，不能要求每个人的眼光相同，部分人满意就足以欣慰了。

人生活在这个世界上，并不是一定要为了他人而活。所追求的应当是自我价值的实现以及自我珍惜。

生活中的我们常常很在意自己在别人的眼里究竟是一个什么样的形象，为了给他人留下一个比较好的印象，我们总是事事都要争取做到最好，时时都要显得比别人高明。在这种心理的驱使下，人们往往把自己推上一个永不停歇的痛苦的人生轨道上。

一位哲人曾经忠告我们："生活中，当别人建议你不能做这个，不能做那个时，你不要理睬他们。你需要做的，是尽快超越他们，如果一直坚信自己的梦想会实现，你就一定会取得成功。”即使别人是出于好心来阻碍你，你也不能动摇，只有你自己清楚自己的愿望。

获得幸福的最有效的方式就是不为别人而活，就是避免去追逐它，不向每个人去要求它，通过和你自己紧紧相连，通过把你积极的自我形象当做你的顾问，你就能得到更多的认可。

但是，你绝不可能让每个人都同意或认可你所做的每一件事，当你认为自己有价值，值得重视的时候，即使你没有得到他人的认可，你也绝不会感到沮丧。如果你把不赞成看做是每个人都不可避免地会遇到的非常自然的事情，那么你的幸福就会永远是自己。因为，在我们的生活中，人们的认知都是独立的，每个人都应该为自己而活。

06 听从内心的召唤

人生之旅，没有一帆风顺的，处处有坎坷、崎岖甚至是断崖，痛苦更是无穷无尽。

竞争，使得我们每个人都为了眼前的利益而奔走忙碌，丝毫不敢有所懈怠，这是很正常的。于是，我们开始攀比，希望在各个方面都超过自己周围的人，当超过了自己周围的人我们还想再超过其他更远的人，我们还想样样争第一，但是却未曾想过，一个人能以有限的精力实现他所有的梦吗？不可能，注定了他的大多数梦是会化为泡影的。这样，盲目地攀比，其结果只能使自己更加痛苦，而仍一无所得。人为什么总这样独断？为什么不允许别人超过自己呢？我们没有理由光相信自己的力量，不让别人超过我们，我们甚至没有理由去怀疑别人。每个人都应该拥有自我，去安静地生活，干自己该干的事情，做自己喜欢的工作，在自己的范围内寻找有意义的事情，去和对手竞争，一步一步向高的阶层攀登。这样，我们便能在人生的每一步成长的过程中，留下自我实现和成长的足迹，同时也能够体会到自我奋斗的快乐！

一位西方哲人说过，成功是没有标准的。只要我们尽了我们的力量，发挥了所有的潜力，即使结果不是最优秀的，仍不失为一种成功。因为成功并不意味着都是第一，结果在有的领域是主要的，而过程则自有它的魅力之处。我们重视结果，并不是说我们不要过程，结果给人带来的快乐只是暂时的，而过程给我们带来的快乐的回忆却是无尽的、永恒的。

人性中有太多失败的例子是由不知足所造成。由于人太贪婪，欲望太强，而其自身的能力又有限，这样必然会导致自己应有的下场。清朝乾隆年间和坤的下场就给我们以深刻的启示。为了积聚财富，和珅像发了疯，什么手段都敢使，穷奢极欲可谓到了极限，其结果呢？还不是机关算尽，聪明反被聪明误。《红楼梦》中的王熙凤不也是如此吗？

人的社会是复杂的，当一个人过于突出或冒尖，这也是很危险的。俗话说得好："人怕出名猪怕壮。"人一旦出名时要注意自己的安全问题。

与其看着自己奋斗一生的东西毁于一旦，不如在生活中过一种平稳、安定的日子，这样的生活未必就不比大起大落好。这是一种生存哲学，也是一种生存艺术，知足的人往往比其他人过得更充实，更快乐。

当然，这并不是反对大家去努力奋斗，只是说相对于无止境的成就来说，一个人达到个人所能及的成就也就可以了。由于人与人之间是有区别的，所以个人达到何种成就又是不同的，不过这些成就都要靠你去奋斗才能得来，天上不会掉馅饼。

人的一生中，可以没有显赫的威名，可以没有万贯家财，可以不是伟人巨子，可以不是达官显贵，但是必须拥有一颗纯洁的心灵，顺其自然，听从内心的呼唤，才是快乐幸福的。

第十一章
迈向成功的阶梯

每个人都渴望成功，但不是每个人都会成为成功者。成功者的座右铭是行动，永远快人一步是成功者的典型标志。成功要有先知先觉的能力，也要有勇敢地迈出第一步的决心。

01 将钟表调快一分钟

哲学家赛涅卡说："时间的最大损失是拖延、期待和依赖将来。"时间是水，你就是水上的船，你怎么对待时间，时间就会怎样来沉浮你。

将钟表调快一分钟是为了给自己施加时间压力，与拖拉和惰性作斗争。

有些员工做事情总是习惯拖延，把今天的事情放到明天去做。

"不着急嘛，再等一会儿吧。"

"明天再说吧！"

拖延其实是最具破坏性、最危险的一种恶习，它会使你丧失主动进取的精神，失去别人的信任。

某公司老板要出国同外商谈判，他要求几位部门主管把自己的一切物品都准备好。

在该老板登机的那天早晨，各部门主管也来送机，有人问其中一个部门主管："你负责的文件准备好了没有？"

对方睁着惺忪的睡眼，说："昨晚上只有 3 小时睡眠，我熬不住睡着了。

反正我负责的文件是用英文撰写的，老板看不懂英文，在飞机上用不着它。待他上飞机后，我回公司把文件打好，再用传真传过去就可以了。”

谁知转眼之间，老板驾到。第一件事就问这位主管：“你负责预备的那份文件和数据资料呢？”这位主管按他的想法回答了老板。老板闻言，脸色大变：“怎么会这样！我已经计划好利用在飞机上的时间，与同行的外籍顾问研究一下那份文件和数据资料，而不白白浪费坐飞机的时间！”

这位主管此时的窘相大家一定能够想象得到吧！

作为一名员工，任何时候，都不要自己想当然地来计划工作，不要自做聪明地希望工作的完成期限可以按照你想象中的计划而后延。

做事总习惯拖延的员工绝对不是一名称职的员工。一名得到老板信任的员工应该今日事今日毕，否则就无法做成大事，取得成功。所以应该经常抱着“必须把握今日去完成它”的想法，最好的办法就是将你的手表拨快一分钟，不再拖延，立即行动！

一个勤奋的艺术家为了不让任何一个想法溜掉，当他产生了新的灵感时，会马上把它记下来——即使是在深夜，他也会这样做。

世界著名的卡通大王沃特尔·迪斯尼便是一个非常勤奋的艺术家，他的手表从来不会落在时间后边。

某日，他在公寓里正思索有什么好点子时，脑海中突然出现了在堪萨斯城的汽车厂中的地板上爬来爬去的小白鼠的样子。

因此，沃特·迪斯尼立刻拿起画笔着手描绘小白鼠——这就是米老鼠诞生的经过，堪萨斯城的那只小白鼠恐怕早已死去了，可它却成为全世界最有名的电影巨星“米老鼠”的祖先。今天，电影界收到影迷信件最多的明星就是米老鼠。播放米老鼠跳舞电影的国家，较之播放其他任何电影明星的国家都多。

如果迪斯尼想要喝杯咖啡，或者吃个汉堡再来画的话，可能灵感就会失去，世界上就不会有这个可爱聪明的米老鼠啦!

比尔·盖茨认为:拖延必然要付出更大的代价。拖延会使人的心情不愉快,总觉疲乏,因为应做而未做的工作不断给他压迫感。“若无闲事挂心头,便是人间好时节”,拖延者心头不空,因而常感时间压力。拖延并不能省下时间和精力,刚好相反,它使你心力交瘁,疲于奔命。不仅于事无补,反而白白浪费了宝贵的时间。

拖延是对生命的挥霍,如果将一天中的时间记录下来,你就会惊讶地发现,拖延正在不知不觉地消耗着生命。拖延是因为人内心深处的惰性在作怪,每当自己将要劳动或要做出一项决定时,我们就会为自己找出一些借口来安慰自己,在逃避中让自己轻松些、舒服些。如果你心存逃避的念头,你就能找出千万个理由来为自己的拖延辩护。

拖延是对惰性的纵容,一旦形成习惯,就会消磨人的意志,使你对自己越来越失去信心,怀疑自己的毅力,怀疑自己的目标,甚至会使自己的性格变得犹豫不决。

将钟表拨快一分钟!

这句话是一个最惊人的自动启动器。任何时候,当你正在拖延一件事的时候,就应该想起这句话,使自己变得更积极,立刻行动!

脑海中一旦闪现出对工作有用的想法和主意时,要马上动手记下来。无论什么事,“再来一次吧”都会造成时间的浪费。诚然,有些事是需要深思熟虑的,但对于不太重要的事,该做决定就应立即做决定,并马上动手去干!

当你的老板向你提出了苛刻的工作期限时,不要反驳,不要抱怨。将心比心,如果你是老板,一定会希望员工能像自己一样,将公司的发展当成自己的事业,积极主动,让工作在最短时间内有效完成。假如你渴望成功,那么,就以老板苛刻的工作期限为基础,主动给自己再制定一个新的工作期限吧!要让自己的钟表比老板的快一分钟!

把钟表拨快一分钟！还应该知道，凡事都分个轻重缓急，应该优先处理，不要将重要的事情和不太重要的事情混到一起去做。只有这样，你拨快的钟表才能真正凸显出它的意义，才能真正达到立刻行动的高效率。巴莱托定律告诉我们：应该用80%的时间做能带来最高回报的事情，而用20%的时间做其他事情。

记住这个定律，并把它融入工作当中，对最具价值的工作投入充分的时间，否则你永远都不会感到安心，你会一直觉得陷于一场无止境的赛跑里头，永远也赢不了。

你若希望自己能以“办事利索”的形象获得老板的青睐，那就赶快把自己的钟表拨快一分钟，摆脱拖延的习惯，即刻去做手中的工作吧。只有“立即行动”，才能摆脱拖延的恶习，将自己从“明日再做”的陷阱中拯救出来。

一旦你成为做事迅捷的人，你也就成为老板心中的得力干将。因为对于凡事立即行动的人，老板在布置工作之余，无需再辛苦地鞭策督促。

将自己的钟表拨快一分钟，立刻行动吧！

养成遇事马上做，现在就做的习惯，不仅克服拖延，而且能占“笨鸟先飞”的先机。久而久之，必然培育出当机立断的大智大勇。

02 宁可做错，不可不做

一个人要想不冒风险，只有什么也不做，就像一个农夫什么也不种一样，到头来什么也没有。一个不敢或不愿冒风险的人，只能获得暂时的安逸。但是错过了学习、锻炼和成功的机会，也会逐渐失去人们的尊敬、信任和爱。他们因为自己的懦弱和恐惧使自己像一个丧失自由的奴隶，最终一事无成，活得还很累。

有抱负的你很想一试身手，去承担重责，做一些别人不愿意做的事情，解决工作中别人无法克服的难题，可总担心会出错，结果陷入进退两难的境地。怕出错使很多人虽有了表现的机会，却不敢伸手去做。

一个孩子在路上捡到一只活的小麻雀，欢天喜地拿着往家赶。到了家门口，突然想起母亲不喜欢这类小东西进房间，于是就将小麻雀藏在家门口，进屋去请示。当孩子奉命去拿他的宝贝时，小麻雀已经落入猫的嘴里了。

现实中，我们也经常陷入既想做事，又怕出错的桎梏中。要知道，一个人不可能不犯错误。任何工作，即使是做了许多年而非常熟练的机械性的工作，也难免出错。我们怎么能因为怕出错就什么都不做呢？一个人做得越多，出错的机会就越多，什么都不做，自然就没有错误了。并且由于事物的多变，可能你认为正确的，别人以为是谬误，也可能过去是对的，现在却变成了错的。世界上没有绝对正确的东西，工作中任何事情都可以引发不同人的不同观点。

难怪曾国藩深有感触地说："名满天下，谤亦随之。"秦始皇、刘邦、李世民……哪一个不是如此？更何况凡人的你？

因为怕噎着而不吃饭，就会饿死。因为怕犯错而不做或少做工作，就永远也不会有进步，最后只能成为一个人云亦云、混迹职场的食客。

怕做错还有一个原因，就是怕担责任。事实上，工作本身就意味着责任。在职一方，守土有责。承担责任不仅是必须的，也是一份荣耀。承担的责任感多，说明你越有能力。

美国前总统小布什的就职演讲有这样两段话：

“正处于鼎盛时期的美国重视并期待每个人担负起自己的责任。鼓励人们勇于承担责任不是让人们充当替罪羊，那是对人的良知的呼唤。虽然承担责任意味着牺牲个人利益，但是你能从中体会到一种更加深刻的成就感。”

“在生活中，有时我们被召唤着去做一些惊天动地的事。但是，正如我们时代的一位圣人所言，每一天我们都被召唤带着挚爱去做一些小事情。”

企业团队需要每个人恪尽职守，担负起自己应当承担的责任，做好每一个细节，如此企业才有希望。不敢去尝试，不愿主动地去承担责任，表面上看你没有损失什么，但实际上你在原地踏步。现代企业的领导都是很开明的，他们往往鼓励员工犯错，因为只有这样，才能激发员工的创造力。当你勇敢地面对工作中的每一个难题时，你失去的是狭隘的自我；当你解决了这些问题，你就会感觉到自己的成长，并从中体会到成功的美好。即使是失败，你也能从中学到东西。

03 该出手时就出手

曾经一首《好汉歌》“该出手时就出手呀，风风火火闯九州”唱遍了大江南北。无论是英雄豪杰惩恶扬善、见义勇为，还是商界大亨运筹帷幄、一掷千金，抑或是将军调兵遣将、决胜千里，人们在生活、事业、感情等方面，都会面临着方向性的选择，而这个选择会决定个人的前途和命运。此时，我们就应该大胆出手，哪怕结局并非如我们所愿，即使是失利、失手、失败，你也应该在所不惜、绝不后悔。要知道，出手还有成功的机会，如不出手肯定没有成功的机会。

职场中，差不多每个人都会遇到这种情形：本来不是你的过错，却被上司骂得狗血喷头。你的工作本来很有成效，却横遭误解。一肚子的委曲，该怎么办？想找上司说明白，又怕被误为辩解或不服从。不说，又不甘心。其实，你没有必要左右为难，更没必要怕。怕，也解决不了问题。遇到这种情况，你就是要较真，把情况说明白。不是你的错，为什么要蒙受不白之冤？上司也没有权力诬人清白，抹人功绩。但出手要分个出法。出手得当，一切都会烟消云散，上司还会感到内疚；出手不得当，只能越抹越黑。

上司一般有三种类型。统帅型上司一般主观意识非常强，说一不二。他一般不会接受别人的指责或批评，只喜欢别人服从。多虑型上司思虑谨慎、严密，做事仔细。他喜欢的属下是聪明的，甚至是外表又好看、内在又聪明的。宽容型上司重视人和，但他还是可能误解你，不过这种上司容易沟通。

先弄清上司是哪种类型，然后再出手。但出手之前，一定还要确认以下三件事：

1. 确认自己真的没有错。你把事情做对，自己觉得很有成就，但这不代表你在整体上做了对的事情。看问题要看全局。你从你的角度出发，认为自己是对的，而上司代表的是整个组织。局部和整体有时候是冲突的。

2. 确认上司和你自己的评估落差不是因为层级不同的关系。公说公有理，婆说婆有理，主要是认识的角度不同。上司是真的误解你，还是因为他的眼界比你高？如果是因为处在不同层面而导致分歧，你就不必和他做再多解释，解释越多，反而可能让上司更觉得你不懂事。

3. 确认了以上两点后，你还要确认什么时机和进退策略是上司比较容易接受的。不要有了理就可以去指责别人。如果把握不好，有理也会变成无理。

这样，你就可以选择用哪一把钥匙去开锁了。比如对统帅型上司，你最好让他自己发现错误；对多虑型上司，要循着他的逻辑，引用证据说服他；面对宽容型上司，则不要忘记在众人面前奉承他。

所以很多时候，你不需要太在意被错怪。只要你知道在什么时候该出手和怎样出手就行了。

但如果上司对你的品行有误会，那就应该当场搞清楚。这时，也没必要考虑出手的必要性或主管的类型。工作可以不要，但个人的操守绝对要维护。

04 在变化中寻找发展的契机

果断出击，绝不拖延是成功者的作风，而被动、犹豫不决则是平庸之辈的共性。当你仔细研究这两种人的行为时，便会发现其中隐藏着这样一个成功秘诀：积极主动的人都是率先抓住机会不断做事的人，而被动的人都是不喜欢做事的人，他们只会找借口拖延，直到最后失去机遇，剩下懊悔。

变化是市场的常态，技术的快速更新使得企业环境也不断地变化。作为职场中人的你，如何面对多变的企业环境呢？

1. 正视环境的变化。气候在变，规则在变，观念在变，形势在变，优先次序在变，口味在变，价值在变，别人在变，你自己也在变，所有的一切无时无刻不在变化。变是绝对的，不变是相对的。以不变应万变也是有条件的。

要明白一个道理：正因为有了这些变化，社会才会发展，你才不会在事业中停滞不前，而且你还可以享受生活中变化的乐趣，抓住变化中隐藏的机会。如果这一切都静止了，那世界就失去了魅力。

一般而言，个人在企业中最常遇到的变动就是职务变化，或者是你，或者是别人。特别是现在强调团队合作的组织环境中，职位变动的情形更普遍。其实，这些都是很平常的，是为了更好地工作。只要以正确的心态去看待它，就不会手足无措。

2. 学会适应环境的变化。没有任何力量可以阻止变化，即使老板不想改变什么，也是不可能的。所以，我们只有去学会适应。

人们的惯性是安于现状，一点变化也会引起波动。比如职务变化，多半会让你有情绪，如何面对频繁的调职呢？那你就要学会解决这种情绪问题，重新适应新的环境，不能让环境适应你。

一般而言，你在公司内的职位越高，环境变化对你的冲击也就越大，因为你的视野广阔了，面对的情况更多，出现在你面前的难题，也就越多。就企业生存的大环境而言，变化就更是惊人。而科技作为第一生产力，对企业环境的变化起了巨大的影响。

当然，作为一个自由的职业人，如果你确实接受不了太快的变化，也还有选择的权利，比如可以选择一份环境变化相对缓慢的工作，但是你却无法找到永远不变的工作。所以，最好的办法就是适应。

3. 预测变化，利用环境变化受益。就大部分的变化而言，往往都会有很多事先的信号。如果你是一个睿智的人，能够感知并了解这些信号，那么你就能预测到将会发生的变化，并且采取有效的措施使自己减小损失甚至获益。

在企业内部，如果你善于捕捉这些信号，你就能够左右逢源，得到同事和主管的信赖。就算是要受到批评，你也能从主管的脸色和言行中看出来，进而采取补救的措施。

对企业外的大环境，你若是能够预测到环境的变化，那么你必定能获益匪浅。号称“塑胶花王”的亿万富豪李嘉诚在他的塑胶花生意正处于顶峰的时候，就预感到塑胶花很难再有大的发展，最后必将被真花市场所取代，于是，他毅然投资房地产，成功地避开了市场危机，建立了自己的“李氏王国”。而那些坚持生产塑胶花的老板，后来大多亏损，有的甚至破产。

一旦你能够识别变化来临前的信号，你就应该去仔细分析这种变化的方向，弄清事情将以什么方式发展下去，你要懂得在变化的形成阶段看出它的趋势和形态，尤其是那些可能影响你事业的趋势和形态。你还要分清哪些是真正的发展趋势，哪些是虚张声势，从而趋利避害，等到变化真的发生了，就能够善加利用。

4. 自己有能力创造变化。如果你有能力，那么你可以自主地让变化按自己的意愿发展。自己创造变化就更能占据主动，还能使对手处于不利位置，制造敌弱我强的优势。

亿万富豪邵逸夫刚在香港开办“邵氏影城”时，香港还是西方影片的天下，对国产片不屑一顾。邵逸夫立志要改变这种对国产片不利的形势，于是排除万难花巨资拍成了优秀的国产影片《江山与美人》，一改西方影片独领风骚的局面，使观众对国产片产生了浓厚的兴趣。邵逸夫也因此真正打开了香港的市场，取得了巨大的成功。

作为一个老板，也可以使企业内部资源得到最好的搭配，人尽其才，物尽其用，让企业内部环境朝着最有利于自己的方向变化。

变化无时不在发生，任何人、任何公司只有在变化中寻找契机，才能找到适合自身发展的道路。

05 把握并利用机会

成功与失败只是一步之差，成功在于为与不为。时机对每个人都是公平的，但像时间一样稍纵即逝。成功者对时机是敏感的，时机一到便牢牢抓住，立即采取行动。而失败者却瞪大双眼痴痴等待，当机遇在茫茫等待中悄悄溜走时，却茫然不知。

正如你需要呼吸空气一样，你需要机会才能成功。然而，成功靠的并不仅仅是唾手可得的机会，你必须利用机会。成功并不取决于机会，而是取决于你。

善于在做一件事的开始时就识别时机，这实在是一种大智慧。例如在一些危险关头，看来吓人的危险比真正压倒人的危险要多得多。只要能挺过最难熬的时候，以后再遇到危险就不会感到那么可怕了。因此，当危险来临时，善于抓住时机，迎头痛击它要比犹豫躲闪更有利。因为犹豫的结果恰恰是错过了战胜它的时机。但也要注意警惕那种幻觉，不要以为敌人真像它在月光下的影子那样威武，在时机不到时过早出击，结果反而失掉了获胜的机会。

机会无时不在，重要的在于，当机会出现时，你是否已准备好了。有人坐等机会，希望好运气从天而降。而成功者积极准备，一旦机会降临，便能牢牢地把握。

一位探险家在森林中看见一位老农正坐在树桩上抽烟斗，于是他上前打招呼说："您好，您在这儿干什么呢？"

这位老农回答："有一次我正要砍树，但就在那时风雨突然大作，刮倒了许多参天大树，省了我不少力气。"

"您真幸运！"

"您可说对了，还有一次，暴风雨中的闪电把我准备要焚烧的干草给点着了。"

"真是奇迹！现在您准备做什么？"

"我正等待发生一场地震把土豆从地里翻出来。"

如果你失业了，不要希望差事会自动上门，不要期待政府、工会打电话请你去上班，或期待把你解聘的公司会请你吃回头草，天下没有这么好的事情。

有位年轻人，想发财想得发疯。一天，他听说附近深山里有位白发老人，若有缘与他相见，则有求必应，肯定不会空手而归。于是，那年轻人便连夜收拾行李，赶上山去。他在那儿苦等了 5 天，终于见到了那个传说中的老人，他向老者求赐。

老人便告诉他说："每天清晨，太阳未东升时，你到海边的沙滩上寻找一粒'心愿石'。其他石头是冷的，而那颗'心愿石'却与众不同，握在手里，你会感到很温暖而且会发光。一旦你寻到那颗'心愿石'后，你所祈愿的东西就可以实现了。

于是每天清晨，青年人便在海滩上寻找石头，发觉不温暖又不发光的，他便丢下海去。日复一日，月复一月，青年人在沙滩上寻找了大半年，却始终也没找到温暖发光的"心愿石"。

有一天，他如往常一样，在沙滩上开始检视石头。一发觉不是"心愿石"，他便丢下海去。一粒、二粒、三粒……

突然，"哇……"

青年人大哭起来，因为他突然意识到：刚才他习惯性地扔出去的那块石头是"温暖"的——

当机会到来时，如果你麻木不仁就会和它失之交臂。

一位老教授退休后，拜访偏远山区的学校，传授教学经验。由于老教授的爱心及和蔼可亲，使得他受到了所到之处老师及学生的欢迎。一次老教授结束在山区另一学校的拜访行程，而欲赶赴某处时，许多学生依依不舍，老教授也不免为之所动。当下答应学生，下次再来时，只要他们能将自己的课桌椅收拾整洁，老教授将送给该校学生一份神秘礼物。

在老教授离去后，每到星期三早上，所有学生一定将自己的桌面收拾干净，因为星期三是每个月教授例行前来拜访的日子，只是不确定教授会在哪一个星期三来到。

其中有一个学生想法却和其他同学不一样，他一心想得到教授的礼物留作纪念，生怕教授会临时在星期三以外的日子突然带着神秘礼物来到，于是他每天早上都将自己的桌椅收拾整齐。

但往往上午收拾妥善的桌面，到了下午又是一片凌乱，这个学生又担心教授会在下午来到，于是在下午又收拾了一次。想想又觉得不安，如果教授在一个小时后出现在教室，仍会看到他的桌面凌乱不堪，便决定每个小时收拾一次。

到最后，他想到，若是教授随时会到来，仍有可能看到他的桌面不整洁，小学生终于想清楚了，他必须时刻保持自己桌面的整洁，随时欢迎教授的光临。

老教授虽然尚未带着神秘礼物出现，但这个小学生已经得到了另一份奇特的礼物。

被动等待或守株待兔，是浪费时间、错失良机的举动，这无异于把自己的命运交付给未可知的外力来决定。

有许多人终其一生，都在等待一个足以令他成功的机会。而事实上，机会无时不在，重要的在于，当机会出现时，你是否已准备好了。如故事中小学生给我们的启示，自己准备妥善，得以迎接机会的到来，是可以循序渐进而学习的。

人生处处有机遇，机遇对每个人都是均等的。你付出越多，抓住的机遇就越多，你成功的可能性就越大。相反，你付出越少，你的机遇就越少，成功的希望就越渺茫。那些只会感叹没有机遇，而不去主动出击的人，永远也摘取不到成功的果实！

06 要改变局面，就先改变自己

或许你有过这样的经历：在你想要一展抱负时，却被主管“放进了冰箱”冷冻起来。明明自己提出的建议对公司或部门有利，大家也都如此认为，但主管却用各种理由来否决，或鸡蛋里挑骨头，就是不采纳；更有甚者主管在开会的时候，跳过自己而寻求其他同事的意见，甚至看也不看你一眼，好像组织里根本没有你这个人。你觉得自己空有一身的武艺和理想，但却无处发挥，像一座被压抑的火山，找不到喷射口。遭受这样的待遇，心里总会不平衡，自己并不比别人差，为什么主管要这样对待你？太不公平了。

这时你心里也许还会有这样的想法，不要计较了，反正公司不是我自己的，既然你不重视我的意见，那我何苦热脸去贴冷屁股？实在容不下，我就走，还留在这里做什么？我离开是你的损失。

每个人的反应都不一样，每个人最后的选择也都不一样，也许默默承受，也许黯然离开。

海洋学家做过一个实验，将一只凶猛的鲨鱼和一群热带鱼放在同一个池子里，然后用强化玻璃隔开。最初，鲨鱼每天不断冲撞那块看不到的玻璃，但它始终不能游到对面去。而实验人员每天都放一些鲫鱼在池子里，所以鲨鱼也没缺少猎物，只是它仍想到对面去，想尝尝那美丽的热带鱼的滋味，每天仍是不断地冲撞那块玻璃。它试了每个角落，每天都用尽全力，但每次总是弄得伤痕累累。每当玻璃一出现裂痕，实验人员马上就会加上一块更厚的玻璃。后来，鲨鱼不再冲撞那块玻璃了，对那些色彩斑斓的热带鱼也不再在意，好像它们只是墙上会动的壁画，它开始等着每天固定会出现的鲫鱼。实验到了最后阶段，实验人员将玻璃取走，但鲨鱼仍没有反应，每天仍是在固定的区域游着。它不但对那些热带鱼熟视无睹，甚至当那些鲫鱼逃到热带鱼那边去时，它就放弃追逐，说什么也不愿再过去。

生命中唯一不变的事实就是变。要改变现状，就得改变自己；要改变自己，先得改变你对外界的看法。

人，有时也和鲨鱼一样，犯类似的错误。所谓“一朝被蛇咬，十年怕井绳”，刚开始做一件事时，也许有很大的热情，可一旦遭遇失败与挫折，往往就认为自己是无法成功的，而且过去失败的景象还总在眼前晃动。这样就把原本唾手可得的成果，以及放在面前的机遇一次次错过了。其实遇到这样的情况时，首先要敏感地察觉出来，消除负面情绪，然后找出问题的根源。

首先问自己：究竟是什么原因让自己处于尴尬境地了？问题的症结在哪儿？怎样改变？接下来，找出自己不愿改变的原因。决定改变的同时，情绪必然错综复杂，心理很矛盾。你可能有些怕，那就问问自己怕什么，是害怕失去稳定的工作和收入？怕失去社会地位？或怕有损人际关系？再追问自己怕就能让自己不被“冷冻”吗？消除惧怕心理之后，就去设计自己的目标，准备行动。在设定目标的过程中，要思考自己最想要什么，做什么。多一份对自己的了解，将有助于做出正确选择。同时，要清楚自己的专长、能力适合在哪些方面发挥。这样你就可以去“解冻”，解决问题了。

与“冷冻”你的主管心平气和地谈一谈，两个人面对面地交流一下彼此的想法，解开心结。或许你会发现你们之间可能产生了误解，或是主管不了解你的想法，那就借此机会互相沟通，让他知道你的理想和抱负。彼此沟通是解决问题的最好方法，了解了对方的想法，可以减少工作上的冲突及摩擦的机会，而事情成功的几率也就会相应增大。

当你遇到问题时，与其消极地承受，或是抵制，倒不如勇敢地去面对并找出原因，设法解决，接受挑战，而不要选择逃避，千万别做失败的鲨鱼。经得起失败和挫折，敢于不断地尝试，终有一天，你定会成功。

07 凡事立刻行动

“立即行动”是自我激励的警句，是自我发动的信号，它能使你勇敢地驱走“拖延”这个坏毛病，帮你抓住宝贵的时间去做你不想做而又必须做的事。如果你想走在别人的前面，追求自己的成功，现在就立刻行动。世上没有任何事情比立刻行动更为重要。因为你的人生，可以有所作为的时机就是现在。

曾经有两位年轻人一同搭船到异国闯天下，一位来自以色列，另一位来自加拿大。他们下了码头后，看着豪华游艇从面前缓缓而过，二人都非常羡慕。以色列人对加拿大人说：“如果有一天我也能拥有这么一艘船，那该有多好。”

加拿大人也点头表示同意。吃午饭的时间到了，两人四处看了看，发现有一个快餐车旁围了好多人，生意似乎不错。以色列人于是对加拿大人说："我们不如也来做快餐的生意吧！"加拿大人说："嗯！这主意似乎是不错。可是你看旁边的咖啡厅生意也很好，不如再看看吧！"两人没有统一意见，于是就此各奔东西了。

握手言别后，以色列人马上选择一个不错的地点，把所有的钱投资做快餐。他不断努力，经过10年的用心经营，已拥有了很多家快餐连锁店，积累了一大笔钱财，他为自己买了一艘游艇，实现了自己的梦想。

这一天，他驾着游艇出去游玩，停靠在码头时，发现一个衣衫褴褛的男子从远处走了过来，那人就是当年与他一起来闯天下的加拿大人克里。他兴奋地问克里："这10年你都在做些什么？"克里回答说："10年间，我每时每刻都在想：我到底该做什么呢！"

一个人光有想法是不行的，还要付诸行动，否则想法就是空想。成功者的共性是：一旦锁定目标，就马上行动起来，不断拼搏，不达目的誓不罢休。以色列人的成功就是一个很好的佐证。

如果你想成功，那就必须去行动，决不拖延，努力比别人做得更好，去超越别人，走在别人的前面，现在就干，马上行动起来吧！

一张地图，不论多么详尽，比例多么精确，它永远不可能带着它的主人在地面上移动半步。一个国家的法律，不论多么公正，永远不可能防止罪恶的发生。只有行动才能使地图、法律、宝典、梦想、计划、目标具有现实意义。行动像食物和水一样，能滋润我们，使我成功。

立刻行动起来，不要有任何的耽搁。要知道世界上所有的计划都不能直接让你成功，要想实现理想，就得赶快行动起来。成功者的道路有千万条，但是行动却是每个成功者的必经之路。

知道仅是心动，做到才是行动。克雷洛夫说："现实是此岸，理想是彼岸，中间隔着湍急的河流，行动则是架在河上的桥梁。”行动才会产生结果，行动才是成功的保证。心动的想法是走向成功的试金石，有想法才能够成大业，只有行动才能将心动的想法转变为现实。多行动，行动才是成功的关键！人生的伟业不在于能知，而在于能行！